First Steps in
Random Walks
From Tools
to Applications

ランダムウォーク
はじめの一歩
自然現象の解析を見すえて

J. Klafter
I. M. Sokolov
[著]

秋元琢磨
[訳]

共立出版

First Steps in Random Walks: From Tools to Applications, First Edition
by J. Klafter and I. M. Sokolov

© J. Klafter and I. M. Sokolov 2011
All rights reserved.

First Steps in Random Walks: From Tools to Applications, First Edition was originally published in English in 2011. This translation is published by arrangement with Oxford University Press. KYORITSU SHUPPAN CO., LTD. is solely responsible for this translation from the original work and Oxford University Press shall have no liability for any errors, omissions or inaccuracies or ambiguities in such translation or for any losses caused by reliance thereon.

Japanese language edition published by KYORITSU SHUPPAN CO., LTD.

まえがき

　独立したランダムなステップからなる変位に関する問題である "ランダムウォーク（random walk）" は，カール・ピアソンが 1905 年の『ネイチャー』誌の読者に次のような質問を提示したときに登場した．「読者のどなたか，私に次の問題の解がわかる研究，さもなくば，既存の解法ではうまくいかないかを教えていただきたい．ある人が点 O からスタートし，まっすぐ l ヤード歩く．次のステップでは，任意の方向に向かって，また l ヤードまっすぐ進む．これを n 回繰り返した後，始めの点からの距離が r から $r+\delta r$ の間にその人がいる確率を求めなさい．」

　同じ年にピアソンは問題を定式化した．似た問題がアルベルト・アインシュタインの有名な論文であり，彼の学位論文の一部分である "熱の分子運動論から要求される静止液体の懸濁粒子の運動について" によって異なる文脈で定式化された．また，次の年，組合せ論的なアプローチに基づいた独立した議論がマリアン・スモルコフスキーによって出版された．しかしながら，ランダムウォークの問題は，1900 年の金融投機の理論に関係したルイ・バシェリエの学位論文に遡る．

　ランダムウォークの歴史は，その問題がいかに汎用性が高いかを示している．ピアソンの問題は，動物の運動のモデリング（人ではなく蚊である！）から動機付けられている．アインシュタインの仕事は，明らかに物理と関連していたし，（バシェリエは物理で学位をとっているが！）バシェリエの仕事は経済と関連している．近年，ランダムウォークの理論は，物理，化学（異なる媒質での拡散，反応，流体力学的流動での混合），経済，生物（動物の運動から細胞内の混み合った環境での細胞内の粒子の運動など），そして多くの分野で有益なアプローチを与えている．ランダムウォークのアプローチは強力であり，単純な拡散モデルとしてだけでなく，多くの複雑な異常輸送過程に対するモデルとしても同様に重要である．本書では，いくつかの主要なランダムウォークモデルを議論し，ランダムウォークの理論的記述において最も重要な数学的道具を紹介する．

iv　まえがき

本書で用いるいくつかの用語をここで与える．

レベル．ここでの議論のレベルは，科学的な仕事を始めた学生やランダムウォーク的なアプローチが用いられている分野に新しく挑戦する科学者に対して，適切なものとなっている．筆者は二人とも，化学や物理専攻の大学生や大学院生に対して，何年かこの授業を教えたことがある．よって，ここでの数学的なレベルは，自然科学や工学の普通の数学コースを完了した後についていくことができるレベルである．標準的でない数学（例えば，母関数や非整数階微分など）は，演習を通して詳細に議論されている．数学的な難しさが高い場合（特に，繰り返し使われないが学ぶことが有益である場合），導出を省略し，文献を示して結果を述べるだけに留める．

網囲み．最も重要，または著しい結果は，網囲みの中に与えられている．これらは，対応する議論の短いまとめとして役に立つだろう．

演習問題．演習は，本文で省略した導出の一部を含んでいるか，付加的な結果を与えている．後の章で，演習の結果をたびたび参照することになる．この場合，演習の解答は，本文で明示的に述べられる．演習のいくつかは，当時重要な科学的な問題だと考えられていたものである．解答のやり方はいつも明らかではないため，ヒントを与えている．もし演習問題を解けたなら，その課題を本当に理解したことになるだろう．

文献．本書は自己完結型の本である．それゆえに，オリジナルな結果を与えている文献を挙げており，その数は少ない．多くは，数学的な抄録（例えば，積分の評価や級数の和の評価が必要なとき）やモノグラフ，付加的な情報が発見できるレビュー論文を参照している．オリジナルな研究の文献は，本文で詳細に議論されていない付加的な情報を含んでいるときにのみ与えた．追加的な資料や対応する章における議論と関連した問題の議論は，**さらなる参考書**に与えられている．

最後に，筆者らは本書の執筆を楽しむことができた．読者の皆様もこの本を楽しんで味わってもらえると願っている．

目 次

第1章 特性関数   **1**

1.1 最初の例：1次元格子上のランダムウォーク   1

1.2 一般的考察   4

1.3 モーメント   6

1.4 独立な増分をもつ過程としてのランダムウォーク   7

1.5 中心極限定理へのありふれたアプローチ   8

1.6 中心極限定理が破れたとき   11

1.7 高次元のランダムウォーク   15

第2章 母関数とその応用   **19**

2.1 定義と性質   19

2.2 タウバー型定理   22

2.3 ランダムウォークへの応用：初通過確率と再帰確率   24

     2.3.1 再帰確率   26

     2.3.2 1次元ランダムウォーク   27

     2.3.3 高次元のランダムウォーク   29

2.4 異なる訪れた格子点の平均数   30

2.5 揺動理論   33

第3章 連続時間ランダムウォーク   **40**

3.1 待ち時間分布   40

3.2 ステップを時間へ変更   43

3.3 連続時間ランダムウォークにおける変位のモーメント   47

3.4 ベキ分布の待ち時間分布   48

vi　目　　次

3.5　平均ステップ数，平均2乗変位，原点にいる確率 . . . .　54

3.6　ベキ分布を持つ連続時間ランダムウォークの他の特徴的な性質 . . .　58

第4章　連続時間ランダムウォークとエイジング現象　　61

4.1　系が年をとるとき . . . .　61

4.2　前方待ち時間 . . . .　63

　　4.2.1　視察のパラドックス . . . .　64

　　4.2.2　ラプラス空間における前方待ち時間の確率密度関数 . . . .　67

　　4.2.3　ベキ的な待ち時間分布 . . . .　67

4.3　ランダムウォーカーの位置の確率密度関数 . . . .　68

4.4　時間平均の揺らぎ . . . .　71

4.5　時間依存した外場への応答 . . . .　74

第5章　マスター方程式　　77

5.1　一般化されたマスター方程式の発見的な導出 . . . .　80

　　5.1.1　格子のないランダムウォークのマスター方程式 . . . .　83

5.2　時間依存する遷移確率に関する注意 . . . .　84

5.3　一般化されたマスター方程式と普通のマスター方程式の解の関係 .　85

5.4　一般化されたフォッカー・プランク方程式と拡散方程式 . . . .　87

第6章　遅い拡散に対する非整数階拡散方程式と
フォッカー・プランク方程式　　91

6.1　リーマン・リウヴィル微分とワイル微分 . . . .　92

6.2　グリュンヴァルト・レトニコフ表現 . . . .　94

6.3　非整数階拡散方程式 . . . .　95

6.4　固有関数展開 . . . .　101

6.5　従属と確率密度関数の形 . . . .　104

第7章　レヴィフライト　　110

7.1　レヴィ分布の一般形 . . . .　110

7.2　レヴィフライトに対する空間に関する非整数階の拡散方程式 . . . .　116

7.3　飛び越え . . . .　119

7.4　レヴィ分布のシミュレーション . . . .　121

目　次　vii

7.4.1　ガウス分布を生成させるボックス - ミュラー法......... 121

7.4.2　レヴィ分布 122

第8章　待ち時間とジャンプが相関を持った連続時間ランダムウォークとレヴィウォーク　126

8.1　時間と空間がカップルした連続時間ランダムウォーク 127

8.2　レヴィウォーク 131

8.3　休憩を伴うレヴィウォーク 137

第9章　単純な反応：$A + B \rightarrow B$　142

9.1　配置平均.. 143

9.2　ターゲット問題 144

9.3　トラップ問題 147

9.4　1次元におけるトラップ問題の化学反応速度の漸近挙動 149

9.5　高次元のトラップ問題 153

第10章　パーコレーション構造上でのランダムウォーク　156

10.1　パーコレーションに関するいくつかの事実 159

10.2　フラクタル 161

10.3　フラクタル格子上でのランダムウォーク 163

10.4　スペクトル次元の計算 165

10.5　スペクトル次元を用いて 169

10.6　有限クラスターの役割 171

訳者あとがき　175

索引　177

頻出略語

CLT 中心極限定理

CTRW 連続時間ランダムウォーク

GCLT 一般化された中心極限定理

GME 一般化されたマスター方程式

MSD 平均2乗変位

PDF 確率密度関数

第1章

特性関数

"Life is the sum of trifling motions." （人生は，些細な動きの積み重ねだ.）

Joseph Brodsky（ヨシフ・ブロツキー）

本章では，ランダムウォークの数学的記述において重要な役割を果たす道具である特性関数（characteristic function）を紹介する．1905 年にカール・ピアソン（Karl Pearson）が（まえがきで書いたように）『ネイチャー』の読者に疑問を提示したとき，彼は，特性関数を使うことによってこの問題を簡単に定式化できることに気づいていなかった．ピアソンのランダムウォークの軌跡は図 1.1 に示してある.

特性関数の非常に有用な使い方を身につけた後には，短い計算を遂行するだけでピアソンの質問に答えることができるようになる.

1.1 最初の例：1 次元格子上のランダムウォーク

まず初めに 1 次元格子上のランダムウォークという単純な例から始めよう（図1.2）.

格子点 0 から始まる粒子（"ランダムウォーカー"）を考える．その運動は，近接格子点のうちの一つへのジャンプ（またはステップ）で記述される．ランダムウォークにおける異なるステップは，独立であるとする．右へのステップは確率 p，左へのステップは確率 $q = 1 - p$ で実行される．n ステップ後のランダムウォーカーの位置は，右と左へのそれぞれのステップ数により決定される．ここでは，ラ

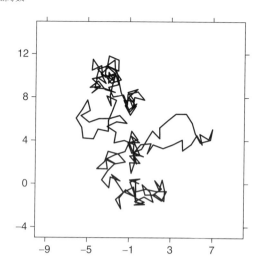

図 1.1 ピアソンのランダムウォーク（1 ステップの長さが 1 で 200 ステップの軌跡）．

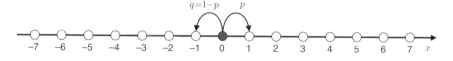

図 1.2 1 次元格子上のランダムウォークの概略図．

ンダムウォーカーの位置を見つけるための道具を紹介する．

式 $pe^{i\theta} + qe^{-i\theta}$ を考えよう．$e^{i\theta}$ の前の係数は，最初のステップで右に行く確率，$e^{-i\theta}$ の前の係数は，最初のステップで左に行く確率である．次に，この式の 2 乗 $(pe^{i\theta} + qe^{-i\theta})^2$ を考え，それを展開すれば，$(pe^{i\theta} + qe^{-i\theta})^2 = p^2 e^{2i\theta} + 2pq + q^2 e^{-2i\theta}$ となる．ここで，展開された式の第 1 項の係数は，最初の 2 ステップが右である確率（つまり，格子点 $j = 2$ に到着する確率）を与える．第 2 項は，最初の 2 ステップが反対の方向に進んだ確率，つまり，粒子が原点 $j = 0$ に戻った確率に対応している．第 3 項の係数は，$j = -2$ に到着する確率を与えている．これらの発見を一般の n ステップに拡張することにより，多項式 $(pe^{i\theta} + qe^{-i\theta})^n$ の展開における $e^{i\theta j}$ の前の係数は，n ステップ後に格子点 j に到着する確率 $P_n(j)$ を与える．多項式を展開する代わりに，フーリエ変換を通して，対応する係数 $P_n(j)$ を次のように取り出すことができる．

$$P_n(j) = \frac{1}{2\pi} \int_{-\pi}^{\pi} (pe^{i\theta} + qe^{-i\theta})^n e^{-i\theta j} \, d\theta. \tag{1.1}$$

このフーリエ変換は，確かに j 番目の位置に対応する係数を取り出している．これは，$\frac{1}{2\pi} \int_{-\pi}^{\pi} e^{-i\theta n} \, d\theta = \delta_{n,0}$ という関係が成立することに注意すれば明らかであろう．式 $\lambda(\theta) = pe^{i\theta} + qe^{-i\theta}$ は，1 次元離散ランダムウォークの 1 ステップあたりのウォーカーの変位の分布の特性関数である．今の例では，変位 x は二つの値，$x = 1$ と $x = -1$ をそれぞれ確率 p と q でとる．したがって，この特性関数は，$e^{i\theta x}$ の平均 $\lambda(\theta) = \langle e^{i\theta x} \rangle$ である．

最も簡単な例として，対称なランダムウォークを考える（$p = q = \frac{1}{2}$）．この場合，特性関数は次のようになる．

$$\lambda(\theta) = \left(e^{i\theta} + e^{-i\theta} \right)/2 = \cos\theta.$$

よって，n ステップ後に格子点 j に到着する確率は次のようになる．

$$\begin{aligned}
P_n(j) &= \frac{1}{2\pi} \int_{-\pi}^{\pi} (\cos\theta)^n e^{-i\theta j} \, d\theta = \frac{1}{2^{n+1}} \left[1 + (-1)^{n+j} \right] \binom{n}{\frac{n+j}{2}} \\
&= \frac{1}{2^{n+1}} \left[1 + (-1)^{n+j} \right] \frac{n!}{\left(\frac{n+j}{2} \right)! \left(\frac{n-j}{2} \right)!}.
\end{aligned} \tag{1.2}$$

これは，$e^{i\theta j} = \cos(\theta j) + i\sin(\theta j)$ として積分した結果である．ここで，正弦を含む項の積分は消え，余弦を含む項はゼロでなく文献 [1] の式 (3.631.17) で与えられることに注意する．式 (1.2) は，二つの重要な性質を持っている．第一に，$P_n(j)$ は n と j の偶奇性が異なるときにゼロとなる．つまり，偶数（奇数）ステップ後，ランダムウォーカーは偶数（奇数）番目の格子点のみにいる．第二に，$j > n$ となる確率はゼロである．これは，負の整数の階乗が発散するためである．n ステップ後のランダムウォーカーの位置は n を超えることはない．式 (1.2) は，線上のピアソンの問題の解である（図 1.3 を参照）．

4　第 1 章　特性関数

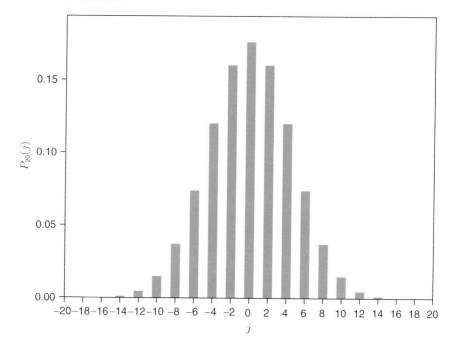

図 1.3　$n = 20$ ステップ後に格子点 j にいる確率のヒストグラム．これは，式 (1.2) で与えられる．

1.2　一般的考察

ランダムウォーカーの各ステップでの変位は，確率密度関数（probability density function; PDF）$p(x)$ を持つ確率変数であると仮定する．この場合，各ステップでの変位の特性関数は，

$$\lambda(k) = \langle e^{ikx} \rangle = \int_{-\infty}^{\infty} e^{ikx} p(x)\, dx \tag{1.3}$$

で与えられる．ここで，特性関数の変数は，θ の代わりに k にしてある．これは，連続変数の場合，標準的なものである．数学的には，この特性関数は，確率密度関数 $p(x)$ のフーリエ変換となっている．また，特性関数の重要な性質の一つである

$$\lambda(0) = \int_{-\infty}^{\infty} p(x)\, dx = 1$$

に注意する．これは，$p(x)$ の規格化と定義から直ちに導かれる．

各ステップの変位の分布が連続である，より一般的なランダムウォークを考えよう．このとき，粒子の位置は離散的な格子点上に制限されていない．最初（粒子が一度もジャンプしていないとき），粒子は $x = 0$ にいる．つまり，これは，数学的には，ディラックのデルタ関数 $\delta(x)$ を用いて，$P_0(x) = \delta(x)$ と書ける．最初のステップでの粒子の変位の確率密度関数は，厳密に $p(x)$ で与えられる．つまり，$P_1(x) = p(x)$ である．ステップが独立であるランダムウォークにおいて，次の再帰関係が成立する．

$$P_n(x) = \int_{-\infty}^{\infty} P_{n-1}(y)p(x - y)\,dy. \tag{1.4}$$

この関係の意味は次のようになっている．n ステップ後に粒子が x にいる確率は，$n-1$ で粒子が y に到着し，次のステップで $x-y$ だけ変位する確率に等しい．数学的には，式 (1.4) は，たたみこみになっている．たたみこみはフーリエ変換を用いると簡単な式で表現できる．フーリエ変換 $P_n(k) = \int_{-\infty}^{\infty} P_n(x)e^{ikx}\,dx$ を用いると，たたみこみの式 (1.4) は，次のような単純な積の形になる．

$$P_n(k) = P_{n-1}(k)\lambda(k).$$

よって，

$$P_n(k) = P_{n-1}(k)\lambda(k) = P_{n-2}(k)\lambda^2(k) = \cdots = \lambda^n(k) \tag{1.5}$$

となる．これは，離散的な場合における $\cos^n(\phi)$ の的確な類推である．$P_n(k)$ の定義より，確率密度関数 $P_n(x)$ は，逆フーリエ変換によって次のように求められる．

$$P_n(x) = \frac{1}{2\pi} \int_{-\infty}^{\infty} P_n(k)e^{-ikx}\,dk = \frac{1}{2\pi} \int_{-\infty}^{\infty} \lambda^n(k)e^{-ikx}\,dk. \tag{1.6}$$

式 (1.6) は，実空間よりフーリエ空間の方が簡単な構造をしていることを示している．具体的には，n ステップ後の粒子の位置の分布の特性関数は，単に，1 ステップの変位の特性関数の n 回の積になっている．フーリエ変換の導入による簡便さは，後の章でのより複雑な問題を考えるときにさらに際立つであろう．

6　第 1 章　特性関数

　n 個の独立同一分布に従う確率変数の和の特性関数は，確率変数の分布の特性関数の n 回の積で，次のように与えられる．

$$P_n(k) = \lambda^n(k).$$

対応する確率密度関数は，その逆フーリエ変換で，次のように与えられる．

$$P_n(x) = \frac{1}{2\pi} \int_{-\infty}^{\infty} \lambda^n(k) e^{-ike} \, dk.$$

例 1.1　各ステップでの変位の分布がガウス分布（Gaussian distribution）$p(x) = \frac{1}{\sqrt{2\pi\sigma^2}} e^{-\frac{x^2}{2\sigma^2}}$ である場合を考えよう．この特性関数 $\lambda(k)$ は $\lambda(k) = e^{-\frac{\sigma^2 k^2}{2}}$，そして，$P_n(k) = \lambda^n(k) = e^{-n\frac{\sigma^2 k^2}{2}}$ となる．この逆フーリエ変換はまたガウス分布 $P_n(x) = \frac{1}{\sqrt{2\pi n\sigma^2}} e^{-\frac{x^2}{2n\sigma^2}}$ となる．

例 1.2　各ステップでの変位の分布が $p(x) = \frac{a}{2} e^{-a|x|}$ であるとき，この特性関数 $\lambda(k)$ は $\lambda(k) = \int_{-\infty}^{\infty} p(x) e^{ikx} \, dx = \frac{a^2}{a^2+k^2}$，そして，$P_n(x) = \frac{ae^{-a|x|}}{2^{2n-1}(n-1)!} \times \sum_{m=0}^{n-1} \frac{(2n-2m-2)!(2a|x|)^m}{m!(n-m-1)!}$ となる（文献 [1] の式 (3.737) を参照）．

演習問題 1.1　ランダムウォークにおける n ステップ後の変位の分布 $P_n(x)$ を計算せよ．なお，各ステップでの変位の分布は $p(x) = \frac{b}{\pi} \frac{1}{b^2+x^2}$ に従うとする（コーシー分布（Cauchy distribution））．

演習問題 1.2　対称で離散的なランダムウォークにおける特性関数 $P_n(k) = \cos^n(k)$ を用いて，対応する確率密度関数が $P_n(x) = \sum_j P_n(j)\delta(x-j)$ となることを示せ．ここで，$P_n(j)$ は式 (1.2) で与えられる．粒子がとることができる位置は整数の点だけであり，それらの点に粒子がいる確率は上で与えられた式で決まっている．

1.3　モーメント

　分布の特性関数はモーメントの母関数（generating function）である．確率密度

関数が $p(x)$ である x の m 次のモーメント $(m = 1, 2, 3, \ldots)$ は,

$$M_m = \langle x^m \rangle = \int_{-\infty}^{\infty} x^m p(x)\, dx$$

で定義される.特性関数の定義における指数関数をテイラー展開すると,

$$\lambda(k) = \int_{-\infty}^{\infty} p(x) \left[1 + ikx - \frac{k^2 x^2}{2} + \frac{ik^3 x^3}{6} + \cdots \right] dx = \sum_{n=0}^{\infty} i^n \frac{M_n}{n!} k^n \tag{1.7}$$

が得られる.したがって,

$$M_m = \langle x^m \rangle = (-i)^m \left. \frac{d^m \lambda(k)}{dk^m} \right|_{k=0}. \tag{1.8}$$

任意の確率密度関数は,常に全てのモーメントが存在するわけではない.例えば,演習問題 1.1 におけるコーシー分布は,モーメントが存在しない.$|e^{ikx}| = 1$ であるので,任意の確率密度関数 $p(x)$ に対して特性関数の積分は収束するが,それを展開した式 (1.7) の各項は収束する必要がない.存在するモーメントは,式 (1.8) により得られる.拡散過程を考えた場合,たいていは粒子の変位の分布の 2 次モーメント,平均 2 乗変位(mean squared displacement; MSD)に興味がある.

1.4 独立な増分をもつ過程としてのランダムウォーク

ランダムウォークのもう一つの側面を見てみよう.$x_1, x_2, \ldots, x_n$ を $1, 2, \ldots, n$ ステップでのランダムウォーカーの変位とすると,n ステップでの位置は,$X_n = x_1 + x_2 + \cdots + x_n$ によって与えられる.以前に示したように,特性関数の定義が平均値 $\lambda(k) = \langle e^{ikx} \rangle$ であることを考慮すると,位置の分布の特性関数を直ちに得ることは簡単である.つまり,

$$P_n(k) = \left\langle e^{ik(x_1 + x_2 + \cdots + x_n)} \right\rangle = \left\langle e^{ikx_1} e^{ikx_2} \cdot \cdots \cdot e^{ikx_n} \right\rangle$$

$$= \left\langle e^{ikx_1} \right\rangle \left\langle e^{ikx_2} \right\rangle \cdot \cdots \cdot \left\langle e^{ikx_n} \right\rangle = \lambda^n(k)$$

となる.ここで,$x_1, x_2, \ldots, x_n$ は独立であるため,積の平均を平均の積に置き換えている.これは,式 (1.5) を再導出したことに他ならない.

8   第 1 章 特性関数

ここで，定義 $X_n = x_1 + x_2 + \cdots + x_n$ から始めて，この単純な関係式の他の導出を考えよう．式 (1.4) を繰り返し使うと

$$
\begin{aligned}
P_n(x) &= \int_{-\infty}^{\infty} P_{n-1}(y) p(x - y)\, dy \\
&= \cdots \\
&= \int_{-\infty}^{\infty} \cdots \int_{-\infty}^{\infty} p(x_1) p(x_2) \cdots p(x - x_{n-1})\, dx_1 \cdots dx_{n-1} \\
&= \int_{-\infty}^{\infty} \cdots \int_{-\infty}^{\infty} p(x_1) p(x_2) \cdots p(x_{n-1}) p(x_n) \delta\left(\sum_{i=1}^{n} x_i - x \right) dx_1 \cdots dx_n
\end{aligned}
\tag{1.9}
$$

が得られる．ここで，δ 関数と新たな積分の導入は，形式的なやり方として役に立つ．これはもう一つの $P_n(x)$ の表現を与える．つまり，$P_n(x) = \left\langle \delta\left(x - \sum_{i=1}^{n} x_i \right) \right\rangle$ である．δ 関数のフーリエ変換の表現 $\int_{-\infty}^{\infty} \delta(y - x) e^{ikx}\, dx = e^{iky}$ を用いると，式 (1.9) のフーリエ変換は

$$
\begin{aligned}
P_n(k) &= \int_{-\infty}^{\infty} \cdots \int_{-\infty}^{\infty} p(x_1) p(x_2) \cdots p(x_{n-1}) p(x_n) \exp\left(ik \sum_{i=1}^{n} x_i \right) dx_1 \cdots dx_n \\
&= \prod_{i=1}^{n} \left[\int_{-\infty}^{\infty} p(x_i) e^{ikx_i}\, dx_i \right] = [\lambda(k)]^n
\end{aligned}
$$

となる．ここで，独立性を再び用いている．

1.5   中心極限定理へのありふれたアプローチ

すでに述べたように，n ステップ後の変位の確率密度関数は，対応する特性関数の逆フーリエ変換で，次のように与えられる．

$$
P_n(x) = \frac{1}{2\pi} \int_{-\infty}^{\infty} P_n(k) e^{-ikx}\, dk = \frac{1}{2\pi} \int_{-\infty}^{\infty} [\lambda(k)]^n\, e^{-ikx}\, dk.
$$

$P_n(x)$ の大きな x での振る舞いは，$P_n(k)$ の小さな k での振る舞いで概ね決定される．後者は，$\lambda(k)$ の小さい k での漸近挙動で与えられる．ここで，二つの例を考える．

例 1.3   連続な表現 $\lambda(k) = \cos k$ で与えられる 1.1 節における離散モデルに戻ろ

う．$\cos k$ を k の 2 次のオーダーまで展開（$\cos k \cong 1 - \frac{k^2}{2} + \cdots$）すると，

$$
\begin{aligned}
P_n(x) &\approx \frac{1}{2\pi} \int_{-\infty}^{\infty} \left[1 - \frac{k^2}{2} + \cdots \right]^n e^{-ikx}\, dk \\
&= \frac{1}{2\pi} \int_{-\infty}^{\infty} \exp\left[n \ln\left(1 - \frac{k^2}{2} + \cdots \right) \right] e^{-ikx}\, dk \\
&\cong \frac{1}{2\pi} \int_{-\infty}^{\infty} \exp\left(-\frac{nk^2}{2} \right) e^{-ikx}\, dk = \frac{1}{\sqrt{2\pi n}} e^{-\frac{x^2}{2n}}
\end{aligned}
\tag{1.10}
$$

が得られる．つまり，ガウス分布である．

例 1.4 例 1.2 で議論された他のランダムウォークは，各ステップでの確率密度が両側指数分布 $p(x) = \frac{a}{2} e^{-a|x|}$ であり，その特性関数は $\lambda(k) = \frac{a^2}{a^2 + k^2} \approx 1 - \frac{k^2}{a^2} + \cdots$ である．前の例と同じ計算をすることにより，$P_n(x) \approx \frac{a}{\sqrt{2\pi n}} e^{-\frac{a^2 x^2}{2n}}$ が得られ，再びガウス分布となる．

これらの二つの異なるランダムウォークの例（一つは各ステップの変位が有界であるが，もう一つのものは有界でない）から，次のことが本質的であることがわかる．対称なランダムウォークにおける各ステップの変位の 2 次モーメントが有限，すなわち $M_2 = \sigma^2$ であれば（つまり，変位の特性関数が $\lambda(k) = 1 - \frac{\sigma^2 k^2}{2} + o(k^2)$ の形で展開できれば），n ステップ後のランダムウォーカーの変位の確率密度関数は，十分大きな n に対して，ガウス分布 $P_n(x) = \frac{1}{\sqrt{2\pi n \sigma^2}} \exp\left(-\frac{x^2}{2n\sigma^2} \right)$ に近づく．この主張は，中心極限定理（central limit theorem; CLT）を意味している．

もし各ステップでの変位の分散（$\sigma^2 = \langle l^2 \rangle$）が存在するならば，$n$ ステップ後の平均 2 乗変位は，

$$
\langle x^2(n) \rangle = \langle l^2 \rangle n
\tag{1.11}
$$

のように振る舞う．

n ステップ後のランダムウォーカーの平均 2 乗変位は，（もし存在するならば）1 ステップでの平均 2 乗変位を n 倍したものである．

演習問題 1.3 各ステップで右に進む確率が p で左に進む確率が $q = 1 - p$ である非対称なランダムウォークを考えよう．1 ステップでの変位の 1 次モーメント $\mu = M_1$ とその分散 $\sigma^2 = M_2 - M_1^2$ に対応する特性関数を求めよ．また，$\lambda(k) = 1 + ik\mu - \frac{M_2 k^2}{2} + \cdots$ を示せ．さらに，$n \gg 1$ ステップ後の変位の確

率密度関数がガウス分布 $P_n(x) = \frac{1}{\sqrt{2\pi n\sigma^2}} \exp\left[-\frac{(x-\mu n)^2}{2n\sigma^2}\right]$ で与えられることを示せ.

これまでの例でやった極限 $k \to 0$ をとることは,各ステップでの変位の分布に含まれる情報を無視しているように思える.しかしながら,長時間のステップ $n \to \infty$ を考えるとき,この極限はかなり自然に現れることが示される.もし x_i を $s_i = (x_i - \mu)/\sigma$ のように変換する(平行移動してスケールを変える)と,新しい変数 s_i は,平均ゼロで分散が1の確率変数となる.この変数の和 $S_n = s_1 + s_2 + \cdots + s_n$ を考えよう.X_n との関係は,$X_n = (S_n + n\mu)\sigma$ によって与えられる.中心極限定理の主張は,$n \to \infty$ において,**標準化された和** $Z_n = S_n/\sqrt{n}$ が,平均ゼロ,分散1のガウス分布に収束するということである.

もし,変数 x の特性関数が $\lambda(k) = 1 + ik\mu - \frac{M_2}{2}k^2 + o(k^2) = 1 + ik\mu - \frac{\mu^2 + \sigma^2}{2}k^2 + o(k^2)$ であるならば,変数 $z = s/\sqrt{n}$ の特性関数は $\lambda_z(k) = \langle e^{ikz} \rangle = 1 - \frac{k^2}{2n} + o\left(\frac{k^2}{n}\right)$ となる.また,$n \to \infty$ における Z_n の特性関数は,

$$\lim_{n\to\infty}\left[1 - \frac{k^2}{2n} + o\left(\frac{k^2}{n}\right)\right]^n = \exp\left(-\frac{k^2}{2}\right)$$

となる.これは,分散1で平均ゼロのガウス分布の特性関数である.X_n の分布は,変数変換により,Z_n の分布から得られる.よって,大きな n の極限をとると,**自動的に小さな k の極限**を考えることになり,高次のオーダーの修正(2次モーメントより高次のモーメントが含まれること)はない.

中心極限定理の簡便な定式化において,変位の確率密度関数は,n が大きくなるにつれて,ガウス分布に近づくことを意味していた.しかし,どのような意味で分布が近づくかについて説明していない.つまり,どのようなとき,そして,どのような意味で,ガウス分布が $P_n(x)$ で与えられる真の分布を近似するのだろうか.これを理解するため,1.1 節の離散的な例に戻る.x の連続関数であるガウス分布は,演習問題 1.2 で与えられた δ 関数の形に全くなっていない.しかしながら,n が大きくなれば,δ 関数の数は増え,近接の重み $P_n(j)$ は近づいていく.次のような意味で,$P_n(j)$ はガウス分布に収束していく.ある長さスケール Δx で粗視化すると,厳密には $P_n(x)$ で与えられる Δx の幅の中にランダムウォーカーがいる確率は,ガウス分布によって近似した分布 $P_n^{\mathrm{appr}}(x)$ と一致する.すなわち,$\int_x^{x+\Delta x} P_n(x')\,dx' \to \int_x^{x+\Delta x} P_n^{\mathrm{appr}}(x')\,dx'$ である.

もちろん,適切に選択された幅 Δx(多くの δ 関数を含む)は,n と共に増大す

る全体の分布の幅より十分に小さくする必要があるので，大きな n を考えなければいけない．上で議論した収束の定義では，厳密なものとその近似の両方の分布の累積分布 $F(x) = \int_{-\infty}^{x} p(x') \, dx'$ がお互いに収束すればよい．連続な分布 $p(x)$ の場合，確率密度関数の収束の意味で理解することができる [2].

平均 μ，分散 σ^2 である独立同一分布を持つ確率変数の n 個の和の分布は，大きな n で平均 μn，分散 $\sigma^2 n$ であるガウス分布に近づく．

スターリングの公式（Stirling's formula）

階乗 $n!$ に対する非常に効果的な近似は，

$$n! = \sqrt{2\pi n}\, n^n \exp(-n)$$

である．この近似は，$n = 2$ でさえも驚くほどうまくいく（相対的な誤差はおよそ 4%）．そして，相対誤差は n の増大と共に速やかに減衰する．

中心極限定理の一般化を紹介する前に，次の練習問題を考えるとよい．これは，1.1 節で考えた離散的な状況でのガウス分布への収束の別なやり方を示している．

演習問題 1.4 対称なランダムウォークにおける変位の分布が極限でガウス分布になることは，式 (1.2) と階乗に対してスターリングの公式を用いることで直ちに得られる．対応する式を求めよ．また，式 (1.10) で与えられるガウス分布と得られた分布の定数倍の違いと $P_n(j)$ の偶奇性との関係を議論せよ．

ヒント：式 (1.2) の両辺に対数をとり，階乗の対数をスターリングの公式で近似する．また，$x \ll n$ と仮定せよ．

1.6 中心極限定理が破れたとき

1 ステップでの変位の分布において，2 次モーメントが存在しないときを考えよう．2 次モーメントの存在は，中心極限定理が成立する必要条件である．この一つの例は，演習問題 1.1 で与えられている．そこでは，1 ステップの変位の分布が

12 第 1 章 特性関数

コーシー分布 $p(x) = \frac{b}{\pi(b^2+x^2)}$ である場合を考えていた．この分布の 2 次モーメントは存在しない．なぜならば，積分 $\int_{-\infty}^{\infty} x^2 p(x)\,dx$ が発散するからである．基本的には，この分布の 1 次モーメントでさえ主値の意味でのみ存在する．コーシー分布の特性関数は，$\lambda(k) = \exp(-b|k|)$ であり，$k = 0$ で微分不可能である．そして，小さい k に対して，$\lambda(k) \cong 1 - b|k| + \cdots$ となり，$\lambda(k) \cong 1 - \langle x^2 \rangle k^2/2 + \cdots$ とはならない．これは，2 次モーメントを持つ対称な分布の特性である．演習問題 1.1 の結果により，n ステップ後の変位の分布は，コーシー分布 $P_n(x) = \frac{nb}{\pi(n^2 b^2 + x^2)}$ となることがわかる．これは n が増大してもガウス分布にはならないことを意味している．コーシー分布は，コーシーまたはガウス分布に従って分布している確率変数の和が再びコーシーまたはガウス分布になるという性質を持っている．後で示すように，この性質（**安定性**（stability））は，ガウス分布やコーシー分布だけが持つ性質ではない．

分布 $p(x)$ が漸近的には指数が $0 < \alpha < 2$ であるベキ分布

$$p(x) \propto \frac{A}{|x|^{1+\alpha}} \tag{1.12}$$

に従う状況を考えよう（コーシー分布は $\alpha = 1$ に対応している）．α は正であるので，規格化条件 $\int_{-\infty}^{\infty} p(x)\,dx = 1$ を常に満たすことができる．一方，$\alpha > 2$ の場合には，分散が存在し，中心極限定理の条件を満たしている．式 (1.12) で与えられる分布を裾の重い（heavy tailed）分布と呼ぶ．

小さな k の場合のみを考えて，対応する分布の特性関数を評価しよう．このため，次の手法を用いる．

$$\lambda(k) = 1 - (1 - \lambda(k)) = 1 - \int_{-\infty}^{\infty} (1 - \cos kx) p(x)\,dx \tag{1.13}$$

（フーリエ変換の正弦部分は対称性より消えている）．1.3 節の例に反して，$\alpha < 2$ で 2 次モーメントが発散するので，余弦を展開することはできない．積分変数を $y = kx$ と変換することにより，

$$\begin{aligned}
\int_{-\infty}^{\infty} (1 - \cos kx) p(x)\,dx &= \frac{1}{k} \int_{-\infty}^{\infty} (1 - \cos y) p\left(\frac{y}{k}\right) dy \\
&\cong \frac{1}{k} \int_{-\infty}^{\infty} (1 - \cos y) \frac{A}{|y/k|^{1+\alpha}}\,dy \\
&= A\,|k|^{\alpha} \int_{-\infty}^{\infty} \frac{(1 - \cos y)}{|y|^{1+\alpha}}\,dy = \tilde{A}\,|k|^{\alpha}
\end{aligned}$$

が得られる. 最後の行の積分は $\alpha < 2$ で収束し,

$$\int_{-\infty}^{\infty} \frac{(1 - \cos y)}{|y|^{1+\alpha}} \, dy = \frac{\pi}{\Gamma(1+\alpha)\sin(\pi\alpha/2)}$$

となる（この表現は文献 [1] における式 (3.823) を変換することにより得ることができる）.

したがって,

$$\lambda(k) = 1 - \tilde{A}\,|k|^{\alpha} + \cdots . \tag{1.14}$$

式 (1.14) は, $0 < \alpha < 2$ のときにのみ正しいことに注意する. $\alpha > 2$ であり式 (1.14) のような特性関数を持つ確率密度関数 $p(x)$ があるとする. $\lambda(k)$ の最初の 2 回の微分はゼロになるので, $p(x)$ の最初の二つのモーメントもゼロとなる. すなわち, $\int_{-\infty}^{\infty} x p(x)\,dx = 0$ かつ $\int_{-\infty}^{\infty} x^2 p(x)\,dx = 0$ である. 2 番目の性質を持つ分布は δ 関数であるが, その特性関数は式 (1.14) では与えられない. よって, 式 (1.12) で与えられる確率密度関数 $p(x)$ でかつ指数が $\alpha > 2$ であるとき, $\lambda(k)$ の展開は 2 次モーメントが存在するように常に 2 次式を含んでいる. すなわち, $\lambda(k) = 1 - a_2 k^2 + o(k^2)$ である.

前節と同様の方法を使うと, n ステップ後の粒子の位置の特性関数は大きな n に対して,

$$P_n(k) = \left(1 - \tilde{A}\,|k|^{\alpha} + \cdots\right)^n \to \exp\left(-n\tilde{A}\,|k|^{\alpha}\right)$$

となることがわかる. この形の特性関数 $\lambda(k) = \exp(-a|k|^{\alpha})$ $(0 < \alpha < 2)$ はレヴィ分布（Lévy distribution）と呼ばれる分布の特性関数である. 演習問題 1.1 のコーシー分布はその一つである. 特性関数が $\lambda(k) = \exp(-ak^2)$ であるガウス分布は, この極限の場合であると考えられる. つまり, 2 次モーメントが存在する唯一の状況である. レヴィ分布は, 本書の第 7 章でより詳細に考えている. 特性関数におけるパラメーター a と α は, それぞれスケールパラメーター, 指数と呼ばれている. このような全ての分布は, 安定性をもつ.

中心極限定理は成立しないが, 式 (1.12) で与えられるようなベキ的な振る舞いをする確率密度関数に対して, 中心極限定理と似たような定理を定式化することができる. 中心極限定理の場合と同じように, $z = x_i / n^{1/\alpha}$ によって確率変数 x_i をスケーリングし直し, 標準化された和 $Z_n = \sum_{i=1}^{n} z_i$ を考えるとよい. $z = x / n^{1/\alpha}$ の分布の特性関数は $\lambda_z(k) = 1 - \frac{|k|^{\alpha}}{n} + o\left(\frac{|k|^{\alpha}}{n}\right)$ となる. よって, Z_n の分布の特

14   第 1 章 特性関数

性関数は，$n \to \infty$ で

$$\lim_{n \to \infty} \left[1 - \frac{|k|^\alpha}{n} + o\left(\frac{|k|^\alpha}{n} \right) \right]^n = \exp\left(-|k|^\alpha \right)$$

となる．つまり，対称なレヴィ分布の特性関数に収束する．したがって，独立で対称であり，式 (1.12) で記述される裾の重い分布に従う確率変数の和の分布は，レヴィ分布に収束する．これは，2 次モーメントが存在する確率変数の和の分布がガウス分布に収束することと同じような状況である．これは，中心極限定理の一般化の一つの表現であり，一般化された中心極限定理 (generalized CLT; GCLT) と呼ぶ．中心極限定理と同じように一般化された中心極限定理は，1 ステップでの変位の分布の特性関数の性質に依存しているため，中心極限定理の場合と同じような解釈で格子上のランダムウォークに対しても使うことができる．

中心極限定理と一般化された中心極限定理の振る舞いを補完する例を考えよう．格子点上のランダムウォークを考える．今，ランダムウォーカーは近接点だけでなく離れた点にも距離に依存した確率でジャンプできるとする．そして，その確率を

$$p(l) = \frac{a-1}{2a} \sum_{j=0}^{\infty} a^{-j} \left(\delta_{l,b^j} + \delta_{-l,b^j} \right) \tag{1.15}$$

と仮定する．ここで，$a > 1$ は実数，b は自然数（$b = 1, 2, 3, \dots$）である．式 (1.15) の形はワイエルストラシュ関数と呼ばれている．$b = 1$ の場合は，1.1 節の最初の例である単純な格子点上のランダムウォークに対応している．形式的には，この分布の 2 次モーメントは

$$\sum_{l=-\infty}^{\infty} l^2 p(l) = \frac{a-1}{a} \sum_{j=0}^{\infty} \left(b^2/a \right)^j$$

で与えられる．a と b の値に依存して，対応する級数は収束したり発散したりする．$b^2/a < 1$ の場合，これは $\langle l^2 \rangle = \frac{a-1}{a-b^2}$ に収束するが，$b^2/a \geq 1$ の場合には発散し，2 次モーメントは存在しない．2 次モーメントが存在しない場合，$p(l)$ が一般化された中心極限定理の適用の範囲内であることを示す．

分布 (1.15) の特性関数は

$$\lambda(k) = \sum_l p(l) e^{ikl} = \frac{a-1}{a} \sum_{j=0}^{\infty} a^{-j} \cos(b^j k) \tag{1.16}$$

で与えられる．最初の場合 $(b^2/a < 1)$，$k \to 0$ での振る舞いは，$\lambda(k) \cong 1 - k^2 \langle l^2 \rangle / 2 + \cdots$ で与えられる．もう一つの場合 $(b^2/a \geq 1)$，式 (1.16) の明示的な展開を避け，式 (1.16) の特性関数が

$$\lambda(bk) = a\lambda(k) - (a-1)\cos k \tag{1.17}$$

という条件を満たすことを示す．これは，$\lambda(k) \cong 1 - |k|^\alpha$ $(\alpha = \ln a / \ln b)$ を導く．

演習問題 1.5　　式 (1.17) を導け．$k \to 0$ に対して，式 (1.17) が $\alpha = \ln a / \ln b$ として $1 - p(k) \propto |k|^\alpha$ となることを示せ．

したがって，ワイエルストラシュ関数により生成されたランダムウォーカーの変位の分布は，ガウス分布（$b^2/a < 1$ のとき）または指数 $\alpha = \ln a / \ln b$ のレヴィ分布（$b^2/a \geq 1$ のとき）となり，一見すると異なっているように見えた二つの振る舞いを繋げている．

1.7　高次元のランダムウォーク

これまでの節の結果は高次元系へ拡張することができる．再び，1 ステップでのランダムウォーカーの変位から始める．この分布は，$p(\mathbf{r}) = p(x_1, \ldots, x_d)$ で与えられる．ここで，$(x_1, \ldots, x_d)$ は，d 次元空間における対応する点の直交座標である．この特性関数は，

$$\lambda(\mathbf{k}) = \langle e^{i\mathbf{k}\mathbf{r}} \rangle = \int_{-\infty}^{\infty} \cdots \int_{-\infty}^{\infty} p(\mathbf{r}) e^{i\mathbf{k}\mathbf{r}} \, d^d \mathbf{r} \tag{1.18}$$

で定義される．

格子点上のランダムウォークでは，分布は $p(\mathbf{j}) = p(j_1, \ldots, j_D)$ となり，対応する特性関数は

$$\lambda(\mathbf{\Theta}) = \langle e^{i\mathbf{\Theta}\mathbf{r}} \rangle = \sum_{j_1} \sum_{j_2} \cdots \sum_{j_d} p(\mathbf{j}) e^{i\mathbf{\Theta}\mathbf{j}}$$

となる．関数 $\lambda(\mathbf{\Theta})$（または，連続の場合には $\lambda(\mathbf{k})$）は，以前に考えた 1 ステップでの変位の特性関数 $\lambda(\theta)$ または $\lambda(k)$ と似たものである．1 次元の場合のときと同様に，n ステップ後の変位の分布の特性関数は $[\lambda(\mathbf{\Theta})]^n$ となり，格子点 n にいる確率は，離散的な場合には，

$$P_n(\mathbf{j}) = \frac{1}{(2\pi)^d} \int_{-\pi}^{\pi} \cdots \int_{-\pi}^{\pi} \lambda^n(\mathbf{\Theta}) e^{-i\mathbf{\Theta}\mathbf{j}} \, d^d \mathbf{\Theta}$$

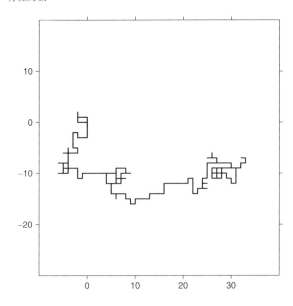

図 1.4 2次元の格子点上のランダムウォークの $n = 200$ ステップの軌跡.

で与えられる．また，連続の場合には，

$$P_n(\mathbf{x}) = \frac{1}{(2\pi)^d} \int_{-\infty}^{\infty} \cdots \int_{-\infty}^{\infty} \lambda^n(\mathbf{k}) e^{-i\mathbf{k}\mathbf{x}} d^d\mathbf{k}$$

となる．

> **演習問題 1.6** 格子点間の距離が 1 である平面格子点上でのランダムウォークにおける特性関数 $\lambda(\boldsymbol{\Theta})$ を計算せよ．さらに，$\lambda(\boldsymbol{\Theta}) = \frac{1}{2}[\cos\Theta_x + \cos\Theta_y]$ を示せ．

このようなランダムウォークの軌跡を図 1.4 に示している．

> **演習問題 1.7** ピアソンの問題：1 ステップの分布が $p(\mathbf{r}) = \frac{1}{2\pi l}\delta(r - l)$，つまり，ステップの長さは固定されているが，ステップの向きはランダムであるランダムウォークを考えよ．このとき，特性関数 $\lambda(\mathbf{k})$ とその確率密度関数 $P_n(\mathbf{r})$ の漸近系を求めよ．

演習問題 1.8 1ステップの分布が $p(\mathbf{r}) = \frac{1}{2\pi r} \exp(-r)$、つまり、1ステップの長さの分布が指数分布であり、ステップの向きはランダムであるランダムウォークを考えよ。このとき、特性関数 $\lambda(\mathbf{k})$ とその確率密度関数 $P_n(\mathbf{r})$ の漸近系を求めよ。

演習問題 1.9 1ステップの分布が $p(\mathbf{r}) = \frac{1}{\pi^2 r(1+r^2)}$、つまり、1ステップの長さの分布がコーシー分布であり、ステップの向きはランダムであるランダムウォークを考えよ。このとき、特性関数 $\lambda(\mathbf{k})$ とその確率密度関数 $P_n(\mathbf{r})$ の漸近系を求めよ。

ヒント：極座標に変換し、さらに $\frac{1}{2\pi} \int_0^{2\pi} e^{ix\cos\theta} d\theta = J_0(x)$ に注意せよ。ここで、$J_0(x)$ は、ベッセル関数である。その逆変換として、$\int_0^\infty e^{-\alpha x} J_0(\beta x)\, dx = \frac{1}{\sqrt{\alpha^2+\beta^2}}$ を用いてよい（文献 [1] の式 (6.611.1) を参照）。

演習問題 1.8 と 1.9 のランダムウォークの軌跡は図 1.5 と 1.6 に示してある。

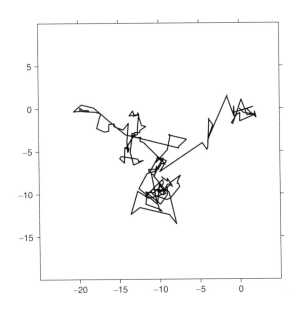

図 1.5 1ステップの長さが指数分布に従い、角度がランダムであるランダムウォーク（$n = 200$ ステップ）。

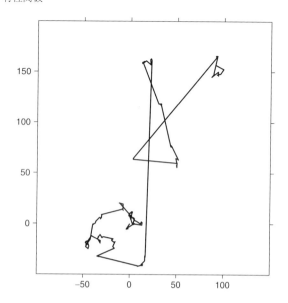

図 **1.6** 1ステップの長さがコーシー分布に従い，角度がランダムであるランダムウォーク（$n = 200$ ステップ）．図 1.5 とスケールが全く異なっていることに注意せよ．

参考文献

[1] I.S. Gradstein and I.M. Ryzhik. *Table of Integrals, Series and Products*, Boston: Academic Press, 1994

[2] W. Feller. *An Introduction to Probability Theory and Its Applications*, New York: Wiley, 1971（Vol. 1 の第 III 章では，こことは異なった仕方でランダムウォークが議論されている．Vol. 2 の第 XV 章で特性関数が初めて導入される．）

さらなる参考書

G.H. Weiss. *Aspects and Applications of the Random Walk*, Amsterdam: North-Holland, 1994

B.D. Hughes. *Random Walks and Random Environments*, Vol. 1: *Random Walks*, Oxford: Clarendon, 1996

第2章

母関数とその応用

"Let these describe the indescribable."
(これらの記述を名状しがたいものにしてみよう.)

Lord Byron（バイロン卿）

前章では，特性関数の概念と（もし存在するなら）ランダムウォークを記述する変位の分布のモーメントを紹介した．しかしながら，多くの場合，初通過時間の分布や再帰確率などのモーメントから直接的には導くことができない統計量に興味がある．すでに示したように，ランダムウォークの過程は，n ステップ後のランダムウォーカーの変位の確率 $P_n(\mathbf{r})$ で特徴付けられる．この情報を得るための一般的な方法は，いわゆる母関数である．

2.1　定義と性質

数列 $\{f_n\}$ を $f(z)$ のテイラー展開の係数であるとすると，$f(z)$ は，その数列の**母関数**（generating function）と呼ばれる．すなわち，

$$f(z) = \sum_n f_n z^n. \tag{2.1}$$

ここで，対応するテイラー展開は，実空間上の区間 $-z_0 < z < z_0$ で収束すると仮定する．もし $\{f_n\}$ がある関数のテイラー展開であることがわかっているならば，その関数 $f(z)$ の形を知ることができる．いくつかの例を挙げれば，以下のようになる．

20 第 2 章 母関数とその応用

- 等比級数の無限和である $1/(1-z)$ は，全ての $n \geq 0$ に対して $f_n = 1$ である数列の母関数である．

$$1/(1-z) = 1 + z + z^2 + \cdots.$$

- 指数関数 $\exp(az)$ は，数列 $f_n = a^n/n!$ に対応する母関数である．

$$\exp(az) = \sum_{N=0}^{\infty} \frac{a^n}{n!} z^n.$$

- 2 項式 $(q - pz)^N$ は，数列 $f_n = \binom{N}{n} p^n q^{N-n}, 0 \leq n \leq N$ に対する母関数である．

数列の母関数は，次の重要な性質を持つ．

- 二つの数列 $h_n = f_n + g_n$ の和の母関数は，それぞれの数列の母関数の和になる．すなわち，$h(z) = f(z) + g(z)$ （**和のルール**）．
- 二つの数列の**たたみこみ**の母関数，つまり，数列 $h_n = \sum_{k=0}^{n} f_k g_{n-k}$ の母関数は，対応する母関数の積になる．すなわち，$h(z) = f(z)g(z)$ （**たたみこみのルール**）．

演習問題 2.1 $h(z)$ の展開における z に対応するベキの係数を比較することにより，たたみこみの母関数のルールを確認せよ．

母関数は，全ての数列をコンパクトに表現し，各項を明示的に書く代わりをしている．さらに，上の性質は，数列そのものを扱う代わりに母関数の単純な代数を適用することを可能にしている．

数列の母関数は，ラプラス変換と密接に関係している．$f_n = \phi(n)$ は，n の関数として，正則性（regularity）を持ち，ある領域 z で級数が $f(z)$ に収束するとする．この場合，数列 $\{f_n\}$ からその母関数 $f(z)$ を導く変換（**z 変換**と呼ばれている）は，ラプラス変換のよい離散的な類推となっている．すなわち，$z = \exp(-u)$ として，式 (2.1) における和を積分に置き換えたものは，ラプラス変換 $\mathcal{L}\{\phi(x)\} = \int_0^\infty \phi(x)e^{-ux}\, dx$ に対応している（n の代わりに x を用い，連続極限を考えている）．したがって，正則条件（regularity conditions）の下で母関数は，ラプラス変換で近似できる．

ここでの優位な点は，ラプラス変換の表が簡単に手に入り，適用できる点である（例えば，[1–3] を参照）．次章でラプラス変換について考える．

例 2.1　確率論における次の例を考えよう．1, 2, 3, 4, 5, そして 6 の各目が出る確率が等しい（それぞれの出る目の確率が $f_n = P_n = 1/6$）サイコロを振ったときの出る目の確率分布に対応する母関数は，

$$f(z) = \frac{1}{6}z + \frac{1}{6}z^2 + \frac{1}{6}z^3 + \frac{1}{6}z^4 + \frac{1}{6}z^5 + \frac{1}{6}z^6 = \frac{1}{6}\frac{z - z^7}{1 - z} \tag{2.2}$$

となる．ここで，係数 f_n は，互いに素な出力の確率である．また，

$$f(z)|_{z=1} = \sum_n f_n = \sum_n P_n = 1$$

となる．

演習問題 2.2　式 (2.2) に対する規格化条件を，ロピタルの定理を用いて確認せよ．

$$\langle n^k \rangle = \sum_n n^k P_n$$

で定義される対応する分布のモーメントは，母関数の微分によって与えられる．例えば，平均値 $\langle n \rangle$ は，

$$\langle n \rangle = \sum_n n f_n = \sum_n n z^{n-1} f_n \bigg|_{z=1} = \frac{d}{dz} f(z) \bigg|_{z=1}$$

で与えられる．サイコロ投げの例では，平均値は，明らかに $7/2 = 3.5$ となる．以下，この微分を $\frac{d}{dz} f(z)\big|_{z=1} = f'(1)$ で表記する．一般的に，$\frac{d^n}{dz^n} f(z)\big|_{z=1} = f^{(n)}(1)$ とする．また，2 次モーメントは，

$$\langle n^2 \rangle = \sum_n n^2 f_n = \sum_n n(n-1) z^{n-2} f_n \bigg|_{z=1} + \sum_n n z^{n-1} f_n \bigg|_{z=1}$$

$$= \frac{d^2}{dz^2} f(z) \bigg|_{z=1} + \frac{d}{dz} f(z) \bigg|_{z=1} = f''(1) + f'(1)$$

で与えられる．分散 $\sigma^2 = \langle n^2 \rangle - \langle n \rangle^2$ は，

$$\sigma^2 = f''(1) + f'(1) - \left[f'(1) \right]^2$$

22　第 2 章　母関数とその応用

に等しい.

　　もし $f(z)$ が確率分布 P_n の母関数であるならば,

$$f(1) = 1$$
$$\langle n \rangle = f'(1)$$
$$\langle n^2 \rangle = f''(1) + f'(1)$$

が成立する.

　この分布のモーメントは, 母関数の微分から簡単に求めることができる.

2.2　タウバー型定理

　z 変換をラプラス変換により近似する, または, 表を使うことにより, 数列の母関数, または, 母関数から数列を得ることができる. しかしながら, 漸近的にベキ的な振る舞いをする関数に対しては, そのようなことをする必要はない. それらの漸近的な振る舞いは, タウバー型定理 (Tauberian theorem) [4] から得られるとても単純なルールによって与えられる.

　$f_n > 0$ である数列の母関数 $f(z) = \sum_n f_n z^n$ が漸近的にベキ的な振る舞いをする状況, 具体的には, z が 1 に近いとき $(z \to 1)$

$$f(z) \cong \frac{1}{(1-z)^\gamma} L\left(\frac{1}{1-z}\right) \tag{2.3}$$

となる状況を考える. ここで, γ はある正の数で, $L(x)$ は x の**緩慢変動関数** (slowly varying function), つまり, 任意の正の定数 C に対して

$$\lim_{x \to \infty} \frac{L(Cx)}{L(x)} = 1$$

となる. 緩慢変動関数の例は, $x \to \infty$ という極限で有限な定数に収束する関数だけでなく, $\log x$ や $\log x$ の任意のベキ乗も含まれる. タウバー型定理が主張することは, 式 (2.3) を満たす母関数の数列の部分和は,

$$f_1 + f_2 + \cdots + f_n \cong \frac{1}{\Gamma(\gamma + 1)} n^\gamma L(n)$$

のような振る舞いをすることである．ここで，$\Gamma(x)$ は Γ 関数 [5] であり，$L(x)$ は式 (2.3) と同じ緩慢変動関数である．もし，数列 $\{f_n\}$ が（少なくともある n から始まる列に対して）単調であれば，

$$f_n \cong \frac{1}{\Gamma(\gamma)} n^{\gamma-1} L(n) \tag{2.4}$$

となる．この近似の精度は非常に高い．また，この定理の逆も成立する [4]．

演習問題 2.3

　a) タウバー型定理を用い，母関数が

$$g(z) = \frac{1}{1-z}$$

　　である数列の漸近形を求めよ．

　b) 少し複雑な場合についても考えよ．すなわち，

$$g(z) = \frac{1}{1-z} \ln^3 \frac{1}{1-z}.$$

$$f(z) \cong \frac{1}{(1-z)^\gamma} L\left(\frac{1}{1-z}\right)$$

単調増加列に対して，　　　　　$\Updownarrow$

$$f_n \cong \frac{1}{\Gamma(\gamma)} n^{\gamma-1} L(n)$$

例 2.2　2.3 節において，再帰確率を計算する．そこでは，その母関数が

$$f(z) = 1 - \sqrt{1 - z^2}$$

となることを知る．これは，1 次元のランダムウォークを記述するときによく現れる．この関数は，対応する数列を得るのに十分に単純（2 項式）である．しかしながら，タウバー型定理を応用するよい例でもある．ここでの問題は，関数が式 (2.3) の形をしていないことである．一方，この微分

$$g(z) = f'(z) = \frac{z}{\sqrt{1 - z^2}}$$

24　第 2 章　母関数とその応用

は，明らかに式 (2.3) の形をしている．$z \to 1$ に対して，

$$g(z) \cong \frac{1}{\sqrt{2(1-z)}}$$

のように振る舞う．これは，$\gamma = 1/2$, $L(x) = 1/\sqrt{2}$ に対応している．$g(z)$ は，$\{g_n\} = \{nf_n\}$ の母関数であることに注意する．タウバー型定理を用いることにより，

$$nf_n \cong \frac{1}{\sqrt{2}} \frac{1}{\Gamma(1/2)} n^{-1/2}$$

となり，

$$f_n \cong \frac{1}{\sqrt{2\pi}} n^{-3/2}$$

を得る（$\Gamma(1/2) = \sqrt{\pi}$ に注意）[1]．

演習問題 2.4　母関数が

$$g(z) \cong 1 - \sqrt{1-z}$$

である数列の漸近形を求めよ．これは，揺動理論（スパッレ・アンデルセンの定理）の導出のときに現れる（2.5 節を見よ）．

2.3　ランダムウォークへの応用：初通過確率と再帰確率

ここで，母関数の手法を格子上のランダムウォークの問題へ適用する．第 1 章で，n ステップ後でのランダムウォーカーの変位が $\mathbf{r}$ である確率 $P_n(\mathbf{r})$ を議論した．ランダムウォーカーが原点（格子点 $\mathbf{0}$）から動き出したなら，確率 $P_n(\mathbf{r})$ は，n ステップ後にランダムウォーカーが格子点 $\mathbf{r}$ にいる確率になる．

n と $n-1$ ステップでの確率は，以下の式によって関係付けられる．すなわち，

$$P_n(\mathbf{r}) = \sum_{\mathbf{r}'} p(\mathbf{r}, \mathbf{r}') P_{n-1}(\mathbf{r}'). \tag{2.5}$$

ここで，$p(\mathbf{r}, \mathbf{r}')$ は，1 ステップで格子点 $\mathbf{r}'$ から格子点 $\mathbf{r}$ へ遷移する確率である．均質な格子では，対応する遷移確率は，変位ベクトル $\mathbf{r} - \mathbf{r}'$ にだけ依存する．す

---

[1]ここで，数列 f_n が単調であれば適切である方法を用いているが，実際には単調ではない（式 (2.13) を見ればわかるように，全ての奇数 n で f_n はゼロになる）．ここでの結果は，偶数と奇数項の平均的な振る舞いを与えている．この状況を理解するため，読者は $g(z)$ と $g(z^2)$ により生成された列を比較し，演習問題 2.7 の結果を使うとよい．

なわち，$p(\mathbf{r}, \mathbf{r}') = p(\mathbf{r} - \mathbf{r}')$ となる．式 (2.5) に初期条件 $P_0(\mathbf{r}) = \delta_{\mathbf{r},0}$ を入れると閉じた形になる．式 (2.5) の両辺に z^n を掛けて，異なる n に対して和をとると，

$$P(\mathbf{r}, z) - z \sum_{\mathbf{r}'} p(\mathbf{r} - \mathbf{r}') P(\mathbf{r}', z) = \delta_{\mathbf{r},0} \tag{2.6}$$

が得られる．これは，第 5 章における一般化されたマスター方程式の議論で需要な役割を果たす．

演習問題 2.5　d 次元の超立方格子上のランダムウォークに対して，式 (2.6) から

$$P(\mathbf{r}, z) = \frac{1}{(2\pi)^d} \int_{-\pi}^{\pi} \cdots \int_{-\pi}^{\pi} \frac{e^{i\boldsymbol{\Theta}\mathbf{r}}}{1 - z\lambda(\boldsymbol{\Theta})} \, d^d\boldsymbol{\Theta}$$

が得られることを示せ．

ここで，n ステップで初めて格子点 $\mathbf{r}$ に訪れる確率を議論する．確率 $P_n(\mathbf{r})$ と $F_n(\mathbf{r})$ は，次の関係で結びついてる．すなわち，

$$P_n(\mathbf{r}) = \delta_{n,0}\delta_{\mathbf{r},0} + \sum_{k=1}^{n} F_k(\mathbf{r}) P_{n-k}(\mathbf{0}). \tag{2.7}$$

この式は次のように理解することができる．ランダムウォーカーは最初原点にいて（この事実は右辺の δ 関数により表されている）n ステップ後に最終的な位置 $\mathbf{r}$ に到着する．ここで，$\mathbf{0}$ から $\mathbf{r}$ への道のりにおいて，n より早いステップ k ですでに $\mathbf{r}$ に辿りついていることもある（その確率は $F_k(\mathbf{r})$ で与えられる）．そして，$\mathbf{r}$ から離れ，$n-k$ ステップ後に再度 $\mathbf{r}$ に戻ってくる（その確率は $P_{n-k}(\mathbf{0})$）ことを考えなければいけない（図 2.1 を見よ）．

式 (2.7) における関係から初通過時間確率の母関数を導く．そのため，式 (2.7) に z^n を掛けて，異なる n 全てで和をとると，

$$\sum_{n} P_n(\mathbf{r}) z^n = \delta_{\mathbf{r},0} z^0 + \sum_{n} z^n \sum_{k=1}^{n} F_k(\mathbf{r}) P_{n-k}(\mathbf{0}).$$

$P_n(\mathbf{r})$ と $F_n(\mathbf{r})$ の z 変換，すなわち，$P(\mathbf{r}, z) = \sum_{n} P_n(\mathbf{r}) z^n$, $F(\mathbf{r}, z) = \sum_{n} F_n(\mathbf{r}) z^n$, とたたみこみにおける公式を用いると，

$$P(\mathbf{r}, z) = \delta_{\mathbf{r},0} + F(\mathbf{r}, z) P(\mathbf{0}, z)$$

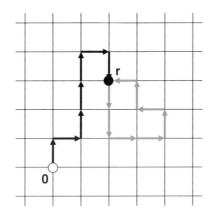

図 2.1 $\mathbf{0}$ から始まり $\mathbf{r}$ で終わるランダムウォーカーの軌跡．軌跡は，$\mathbf{0}$ から $\mathbf{r}$ までにおいて初めて $\mathbf{r}$ に訪れるまでの部分（黒）と $\mathbf{r}$ から離れて戻ってくるまでの部分（灰色）からなっている．

が得られ，

$$F(\mathbf{r}, z) = \frac{P(\mathbf{r}, z) - \delta_{\mathbf{r},\mathbf{0}}}{P(\mathbf{0}, z)} \tag{2.8}$$

となる．式 (2.8) は重要な結果である．第 1 章における $P_n(\mathbf{r})$ を用いて，$P_N(\mathbf{r})$ と関係する新しい性質を導いている．

2.3.1 再帰確率

$F_n(\mathbf{r})$ は，ステップ $n \geq 1$ で $\mathbf{r}$ に初めて訪れる確率であるので，$F_n(\mathbf{0})$ は，ステップ n で原点に初めて戻る確率である．最終的に再帰する確率（$F(\mathbf{0})$ と表記する）は，ステップ $1, 2, \ldots, n, \ldots$ で初めて再帰する確率の和である．すなわち，

$$F(\mathbf{0}) = \sum_{n=0}^{\infty} F_n(\mathbf{0}). \tag{2.9}$$

式 (2.8) により，$F_0(\mathbf{0}) = F(\mathbf{0}, z \to 0) = 0$ であることに注意する．もし $F(\mathbf{0}) < 1$ であるならば，ランダムウォーカーは必ずしもスタート地点に戻ってくるわけではない（そのようなランダムウォーカーは，**過渡的**（もしくは遷移的，transient）または**非再帰的**と呼ばれる）．一方，もし $F(\mathbf{0}) = 1$ であれば，ランダムウォーカーは**再帰的**（recurrent）である．無限に長い再帰的なランダムウォークでは，ランダムウォーカーはいくつかの格子点を無限に多くの回数訪れる．この再帰性または非再帰性は化学反応や関連する探索理論において非常に重要である．

$F(\mathbf{r}, z) = \sum_n F_n(\mathbf{r})z^n$ を思い出すと，簡単に $F(\mathbf{0}) = \sum_n F_n(\mathbf{0})z^n \Big|_{z=1} = F(\mathbf{0}, 1)$ が得られる．式 (2.8) を用いて，

$$F(\mathbf{0}, z) = 1 - \frac{1}{P(\mathbf{0}, z)} \tag{2.10}$$

となり，

$$F(\mathbf{0}) = 1 - \frac{1}{P(\mathbf{0}, 1)}$$

を得る．$P(\mathbf{0}, 1)$ からかなり簡単に再帰確率を得ることができる．以下でこの再帰確率を具体的に計算する方法の例を紹介する．

2.3.2　1 次元ランダムウォーク

対称な 1 次元（$d = 1$）のランダムウォークに対して（$\lambda(\theta) = \cos\theta$），$n$ ステップ後のランダムウォーカーの位置の分布の特性関数は $P_n(\theta) = \lambda^n(\theta)$ で与えられる．そして，位置 x にランダムウォーカーを発見する確率は

$$P_n(x) = \frac{1}{2\pi} \int_{-\pi}^{\pi} \lambda^n(\theta) e^{i\theta x} \, d\theta$$

で与えられる．よって，

$$
\begin{aligned}
P(0, z) &= \sum_{n=0}^{\infty} P_n(0)z^n = \sum_{n=0}^{\infty} \frac{1}{2\pi} \int_{-\pi}^{\pi} \lambda^n(\theta)z^n \, d\theta \\
&= \frac{1}{2\pi} \int_{-\pi}^{\pi} \left[\sum_{n=0}^{\infty} \lambda^n(\theta)z^n \right] d\theta = \frac{1}{2\pi} \int_{-\pi}^{\pi} \frac{d\theta}{1 - z\lambda(\theta)}
\end{aligned}
\tag{2.11}
$$

となる．ここで，2 行目の式では等比級数の和をとっただけである．ここでは，式 (2.11) は，

$$P(0, z) = \frac{1}{2\pi} \int_{-\pi}^{\pi} \frac{d\theta}{1 - z\cos\theta}$$

となる．この積分は既知である（文献 [6] の式 (3.613.1)）．$-1 < z < 1$ に対して，

$$\frac{1}{2\pi} \int_{-\pi}^{\pi} \frac{d\theta}{1 - z\cos\theta} = \frac{1}{\sqrt{1 - z^2}}.$$

式 (2.10) より，

$$F(0, z) = 1 - \sqrt{1 - z^2}. \tag{2.12}$$

28   第 2 章　母関数とその応用

したがって，$F(0) = F(0, 1) = 1$ となり，1 次元の対称なランダムウォークは再帰的である．

平方根のテイラー展開はわかっているので，以下を示すことができる．

$$
F_n(0) = \begin{cases} \dfrac{2}{n-1} \begin{pmatrix} n-1 \\ n/2 \end{pmatrix} 2^{-n} & (n \text{ が偶数のとき}) \\[3mm] 0 & (n \text{ が奇数のとき}). \end{cases}
\tag{2.13}
$$

ここで，偶関数 $F(0, z)$ における全ての奇数の係数はなくなっている．これは，偶数ステップのときにのみ再帰が可能であることを表している．

演習問題 2.6　　スターリングの公式 $\ln n! \approx n \ln n - n + \ln \sqrt{2\pi n}$ を式 (2.13) へ適用して，大きな n に対して

$$
F_n(0) = \sqrt{\frac{2}{\pi}}\, n^{-3/2}
\tag{2.14}
$$

となることを示せ．n の平均値は発散することも示せ．

式 (2.13) のような正確な形がわからない，または，得ることが難しくても，漸近的な結果，式 (2.14) は，例 2.2 のようにタウバー型定理により簡単に得られることに注意したい．式 (2.14) は，その見た目以上にとても一般的な結果であり，2.5 節で示すように，本質的にはランダムウォーカーのジャンプの対称性のみによっている．

一般的には，原点への最初の再帰と原点を横切ることは区別しなければいけない．格子上で最近接に制限されていないランダムウォーク，または，格子のないランダムウォークでは，原点を初めて横切ることは，次のように理解される．原点 0 から出発したランダムウォーカーは，最初のステップで正または負の向きに動く．前者の場合，原点を最初に横切ることは，n ステップでのランダムウォーカーの位置 x_n が初めて非正になることに対応し，後者の場合，ランダムウォーカーの位置 x_n が初めて非負になることに対応している．最近接格子にのみジャンプするランダムウォークでは，原点を横切ることと原点への初めての再帰は同じことを意味する．任意の対称なランダムウォーク（ジャンプの幅のモーメントは存在しなくてもよい）では，原点を横切る初通過確率は，大きな n に対して，

$$
F_n(0) = \frac{1}{2\sqrt{\pi}} n^{-3/2}
\tag{2.15}
$$

のように振る舞う．式 (2.15) の結果は，（1953 年に定式化された）揺動理論として知られ [7]，2.5 節で議論される．式 (2.14) と比べたときの定数倍の違いは，最近接へ制限されたランダムウォークとは異なり，原点への初通過が奇数ステップでも起こりうるという事実に起因している．

2.3.3 高次元のランダムウォーク

式 (2.10) は，かなり一般的で任意の次元に対して成立する．この式から，$P(\mathbf{0}, 1)$ が発散するときは，いつでもランダムウォーカーの原点への再帰確率が 1 となり，$P(\mathbf{0}, 1)$ が有限であるときは，その再帰確率が 1 より小さくなることは明らかである．例えば，1 次元の場合，

$$P(0, z) = \frac{1}{\sqrt{1 - z^2}} \tag{2.16}$$

は，$z \to 1$ で発散する．したがって，対称な 1 次元のランダムウォークは，前に示したように再帰的である．

1 次元と同じように，高次元では，

$$P_n(\mathbf{0}) = \left(\frac{1}{2\pi}\right)^d \int_\Omega \lambda^n(\boldsymbol{\Theta}) \, d\boldsymbol{\Theta}$$

となる．ここで，積分は 1 ステップでの格子上でとる．ここでは，$d = 2$ の正方格子または $d = 3$ の立方格子に限定する．上で行ったのと同じように計算すると，

$$P(\mathbf{0}, z) = \left(\frac{1}{2\pi}\right)^d \int_\Omega \frac{d\boldsymbol{\Theta}}{1 - z\lambda(\boldsymbol{\Theta})} \tag{2.17}$$

が得られる．$P(\mathbf{0}, 1)$ にある積分は，あるベクトル $\boldsymbol{\Theta}$ が $\lambda(\boldsymbol{\Theta}) = 1$ となるときにのみ発散する．例えば，$\lambda(\boldsymbol{\Theta}) = \frac{1}{d} \sum_{j=1}^{d} \cos\theta_j$ となる正方または立方格子では，$\boldsymbol{\Theta} = 0$ のときのみ発散する．第 1 章で議論したように，小さな $\boldsymbol{\Theta}$ に対して，$\lambda(\boldsymbol{\Theta}) \approx 1 - \frac{1}{2d}\theta^2 + \cdots$ となるので，極（または球）座標に変換することにより，

$$P(\mathbf{0}, 1) \approx \left(\frac{1}{2\pi}\right)^d \int_\Omega \frac{S(d)\theta^{d-1} \, d\theta}{1 - (1 - \theta^2/2d)} \approx \frac{2dS(d)}{(2\pi)^d} \int_\Omega \theta^{d-3} \, d\theta$$

が得られる．ここで，$S(2) = 2\pi$ または $S(3) = 4\pi$ である．対応する積分は，$d = 2$ で発散するが $d = 3$ で有限である．

これは，2 次元では 1 次元と同じように，対称なランダムウォークは再帰的であることを意味している．これは，ポリア (1921) [8] による有名な結果である．一

30 第 2 章 母関数とその応用

方で，3 次元では，ランダムウォークは過渡的である．$d = 3$ での再帰確率の計算
は，多くの異なる格子に対して計算されているが，対応する積分の正確な評価を
必要とする．ここでは，立方格子に対するよく知られた結果を再現する [9]．

$$F(\mathbf{0}) = \begin{cases} 0.3405 & （単純立方格子） \\ 0.2822 & （体心立方格子） \\ 0.2563 & （面心立方格子）. \end{cases}$$

　1 次元または 2 次元の対称なランダムウォークは，再帰的であり，ランダム
ウォーカーは確率 1 で初期位置に戻ってくる．
　3 次元やそれより高次元の対称なランダムウォークは過渡的である．

　$d = 1$ での再帰性は，簡単な考察より幾分自明である．すなわち，非再帰性は，
それぞれの n に対して，ある方向へのステップの数が反対向きのステップの数よ
り大きいような状況でのみ起こるが，これは 1 次元では起こりそうもない．

2.4　異なる訪れた格子点の平均数

　非再帰的なランダムウォークであっても，時間が経てば，すでに訪れた格子点
に再度訪れることがある．再帰的なランダムウォークでは，基本的には何度も同
じ格子点を訪れる．様々な応用，例えば，化学反応速度論や探索問題において，訪
れたそれぞれの格子点は一度しか数えられない．したがって，これに関連した量
は，n ステップで訪れた異なる格子点の数 S_n である．図 2.2 にこの状況が描か
れている．この場合，もっとも基本的な特性量は，**異なる訪れた格子点の平均数**
（mean number of distinct visited sites）$\langle S_n \rangle$ で与えられる．これは，母関数をよ
り高度に使うことにより評価される．
　$\langle S_n \rangle$ を計算するため，

$$\langle S_n \rangle = 1 + \sum_{j=1}^{n} \Delta_j \tag{2.18}$$

となることに注意する．ここで，1 はランダムウォーカーの最初の格子点に対応
したものである．そして，Δ_j は，ステップ j で初めて訪れた格子点の数の平均
値である．後者は，ステップ j で訪れる格子点が初めて訪れるものである確率を，

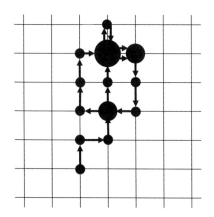

図 2.2 ランダムウォーカーは $n = 17$ 回ステップを行い,$S_n = 14$ 個の異なる格子点を訪れた. 二つの格子点は 2 度訪れ,一つの格子点は 3 回訪れた. 丸の大きさで訪れた回数を表している.

格子点に関して足すことで求めることができる. すなわち,

$$\Delta_j = \sum_{\mathbf{r}} F_j(\mathbf{r}). \tag{2.19}$$

これらの量の評価をしよう. 新しい母関数 $\Delta(z) = \sum_j \Delta_j z^j$ を導入し,それを母関数 $F(\mathbf{r}, z)$ で表現する. これ自身は,$P(\mathbf{r}, z)$ を用いて,式 (2.8) で表現できる. すなわち,$F(\mathbf{r}, z) = P(\mathbf{r}, z)/P(\mathbf{0}, z) - \delta_{\mathbf{r}, 0}/P(\mathbf{0}, z)$ である.

> **演習問題 2.7** $\sum_{\mathbf{r}} P(\mathbf{r}, z) = \frac{1}{1-z}$ を示せ.

したがって,母関数 $\Delta(z)$ は,

$$\Delta(z) = \frac{z}{(1-z)P(\mathbf{0}, z)}$$

となる. これから,$\langle S_n \rangle - 1 = \sum_{j=1}^{n} \Delta_j$ の母関数 $S(z)$ は,

$$S(z) = \frac{z}{(1-z)^2 P(\mathbf{0}, z)} \tag{2.20}$$

のようになることがわかる. 式 (2.20) を確かめるには,$\sum_{j=1}^{n} \Delta_j$ は,$\sum_{j=1}^{n} 1 \cdot \Delta_j$(こ

32　第 2 章　母関数とその応用

れは，$g_N = 1$ と $\{\Delta_j\}$ のたたみこみである）となることに注意することで十分である．以前に示したように，数列 $g_N = 1$ の母関数は $1/(1-z)$ である．

- $d = 1$ では，$P(0, z)$ は式 (2.16) で与えられるので，

$$S(z) = \frac{z\sqrt{1-z^2}}{(1-z)^2} \approx \frac{\sqrt{2}}{(1-z)^{3/2}}$$

となる．タウバー型定理を使い，

$$\langle S_n \rangle \approx \frac{\sqrt{2}}{\Gamma(3/2)} n^{1/2} = \sqrt{(8/\pi)n} \tag{2.21}$$

となる．

- $d = 2$ では，積分

$$P(\mathbf{0}, z) = \left(\frac{1}{2\pi}\right)^2 \int_{-\pi}^{\pi} \int_{-\pi}^{\pi} \frac{dk_x dk_y}{1 - z(\cos k_x + \cos k_y)/2}$$

は，楕円関数によって与えられる．しかし，$z \to 1$ でのその漸近挙動は，単純に

$$P(\mathbf{0}, z) \cong \frac{1}{\pi} \ln \left(\frac{1}{1-z}\right) \tag{2.22}$$

となる．タウバー型定理より，

$$\langle S_n \rangle \cong \pi n / \ln n \tag{2.23}$$

となる．

演習問題 2.8　極座標表示による積分

$$P(\mathbf{0}, z) \approx \left(\frac{1}{2\pi}\right)^2 \int_0^{k_{\max}} \frac{2\pi k \, dk}{1 - z(1 - k^2/4)}$$

から始めて，漸近挙動 (2.22) を示せ．

- $d = 3$ では，$z \to 1$ で $P(\mathbf{0}, z)$ は有限の値に収束するため，

$$\langle S_n \rangle \cong n / P(\mathbf{0}, 1) \tag{2.24}$$

となる．$d = 1$ と $d = 2$ では，異なる格子点を訪れた数の平均は，n よりもっとゆっくりと増大する．これは，それぞれの格子点を繰り返し訪れ，そのような滞

在が n とともに増大することによるオーバーサンプリングの結果である．この事実は，後で議論するが，コンパクトな訪問と呼ばれるものと関連がある．一方，$d = 3$ では，訪れた異なる格子点の数は n で増加する，つまり，有限の数だけ格子点に訪れる．

訪れた異なる格子点の数の平均 $\langle S_n \rangle$ は，1，2，そして，3（以上）の次元では，

$$\langle S_n \rangle \cong \sqrt{(2/\pi)n},$$

$$\langle S_n \rangle \cong \pi n / \ln n,$$

$$\langle S_n \rangle \cong n / P(\mathbf{0}, 1)$$

のようにそれぞれ振る舞う．

2.5　揺動理論 [2]

これまで，我々は格子上のランダムウォークの初通過の性質を議論してきた．そして，1 次元ランダムウォークに対する結果である式 (2.14) は，連続なジャンプ幅の確率密度関数 $p(x)$ を持つ格子上ではない場合にも拡張できる．ここで，連続的な場合を考え，驚きの結果を導く．粒子は，$x = 0$ から動き始める．ここでは，n ステップ後に正の領域 $x > 0$ に初めて到着する確率 F_n^+ に興味がある．離散的な場合とは違い，正の領域から負の領域へ横切ることは，境界 0 への到着を意味するわけではない．

次のような意味を持つ二つの関数 $p_n^+(x)$ と $p_n^-(x)$ を導入する．すなわち，$p_n^+(x)\,dx$ は，n ステップで初めて $x \leq 0$ から $x > 0$ へ横切り（正の領域 $x > 0$ にはそれまでに滞在していない），x と $x + dx$ の間に到着する確率である．関数 $p_n^-(x)\,dx$ は，$x > 0$ に滞在したことのないランダムウォーカーが n ステップで区間 $(x, x + dx)$ にいる確率である．これらの和 $p_n^+(x) + p_n^-(x)$ は，$x > 0$ に滞在したことのないランダムウォーカーが n ステップである位置 x にいる確率密度である（規格化すれば確率密度関数である）．$F_n^+ = \int_0^\infty p_n^+(x)\,dx$ は，我々が探している初通過確率を厳密に与える．

---

[2]本節は，初読では飛ばしてもよい．文献 [8] による最初の導出は，ここでの導出とは異なっている．ここでの導出は，文献 [4] の第 XVIII 章と同じ流れである．

34   第 2 章　母関数とその応用

　非負の領域の任意の点 $x \le 0$ で $p_n^+(x) = 0$ となり，$x > 0$ で $p_n^-(x) = 0$ となることに注意したい．関数 $p_n^{\pm}(x)$ のこれらの性質は，今後繰り返し使われる．これらの性質から，$\int p_m^-(x') p_n^-(x-x') \, dx'$ のような異なる $p_m^-(x)$ のたたみこみは，任意の $x > 0$ でゼロになる．また，対応する $p_n^+(x)$ のたたみこみは，$x \le 0$ でゼロになる．同様に同じタイプの二つの関数以上からなる多重のたたみこみもゼロとなる．

　ここで，次のフーリエ変換を導入する．

$$p_n^-(k) = \int_{-\infty}^0 p_n^-(x) \, e^{ikx} \, dx,$$

$$p_n^+(k) = \int_{0+}^\infty p_n^+(x) \, e^{ikx} \, dx.$$

積分の極限は対応する関数がゼロでない領域を示している．そして，対応する母関数は，

$$\phi^-(z, k) = \sum_{n=0}^\infty z^n p_n^-(k) \tag{2.25}$$

と

$$\phi^+(z, k) = \sum_{n=0}^\infty z^n p_n^+(k) \tag{2.26}$$

となる．ϕ 関数の逆フーリエ変換

$$\frac{1}{2\pi} \int_{-\infty}^\infty \phi^-(z, k) \, e^{-ikx} \, dk = \sum_{n=0}^\infty z^n p_n^-(x)$$

と

$$\frac{1}{2\pi} \int_{-\infty}^\infty \phi^+(z, k) \, e^{-ikx} \, dk = \sum_{n=0}^\infty z^n p_n^+(x)$$

は，それぞれ，$x > 0$ と $x \le 0$ において，任意の z でゼロとなる．たたみこみで表される ϕ 関数のベキの逆フーリエ変換に対しても同じことが言える．初通過確率の母関数 $\Phi^+(z) = \sum\limits_{n=0}^\infty z^n P_n^+$ は，単に

$$\Phi^+(z) = \sum_{n=0}^\infty z^n \int_{0+}^\infty p_n^+(x) \, dx = \phi^+(z, 0) \tag{2.27}$$

で与えられる．

　これが探し求めている関数である．

ゼロステップでの初期条件は $p_0^-(x) = \delta(x)$ と $p_0^+(x) = 0$ である．よって，$\phi^+(z,k)$ の和は，$n = 1$ から始まる．ここで，$p_n^+(x)$ と $p_n^-(x)$ の間の再帰的な関係式を次のように得ることができる．もしランダムウォーカーが n ステップまでで $x > 0$ の領域に滞在しておらず，n ステップでの位置が y であるならば，$n+1$ ステップで $x \le 0$ に滞在するか，0 を超えて正の領域へと横切ることになる．したがって，

$$p_{n+1}^-(x) + p_{n+1}^+(x) = \int_{-\infty}^{0} p_n^-(y) p(x - y)\, dy.$$

フーリエ変換により，

$$p_{n+1}^-(k) + p_{n+1}^+(k) = p_n^-(k)\lambda(k). \tag{2.28}$$

この式は，母関数 (2.25) と (2.26) を計算するのに使われる．式 (2.28) に z^{n+1} をかけて，和をとれば，

$$\sum_{n=0}^{\infty} z^{n+1} p_{n+1}^-(k) + \sum_{n=0}^{\infty} z^{n+1} p_{n+1}^+(k) = \lambda(k) \sum_{n=0}^{\infty} z^{n+1} p_n^-(k)$$

が得られる．右辺において，和の添え字を $l = n+1$ に付け直している．また，左辺の第一項は（初期条件における δ 関数のフーリエ変換であるゼロオーダー項は和には現れないので）$\phi^-(z,k) - 1$ であり，第二項はまさに $\phi^+(z,k)$ である．したがって，$\phi^+(z,k) + \phi^-(z,k) - 1 = z\lambda(k)\phi^-(z,k)$ となり，書き直して，

$$1 - \phi^+(z,k) = \phi^-(z,k)\left[1 - z\lambda(k)\right] \tag{2.29}$$

となる．式 (2.29) は，二つの未知関数 $\phi^+(z,k)$ と $\phi^-(z,k)$ に対する一つの条件を与えている．しかし，$p_n^+(x)$ と $p_n^-(x)$ は，同時に非ゼロになることはないので，$\Phi^+(z) = \phi^+(z,0)$ と定義すれば十分である．

$\phi^+(z,k)$ と $\phi^-(z,k)$ が定義域内でゼロにならないと仮定する（この証明は割愛する）．両辺に対数をとれば，

$$\ln\left[1 - \phi^+(z,k)\right] = \ln\phi^-(z,k) + \ln\left[1 - z\lambda(k)\right] \tag{2.30}$$

となる．ここで，両辺の逆フーリエ変換を考えれば，

$$\frac{1}{2\pi}\int_{-\infty}^{\infty} \ln\left[1 - \phi^+(z,k)\right] e^{-ikx}\, dk$$
$$= \frac{1}{2\pi}\int_{-\infty}^{\infty} \ln\phi^-(z,k) e^{-ikx}\, dk + \frac{1}{2\pi}\int_{-\infty}^{\infty} \ln\left[1 - z\lambda(k)\right] e^{-ikx}\, dk$$

36   第 2 章　母関数とその応用

となる．ここで，$x > 0$ を考えている．この方程式の各項の振る舞いを議論しよう．まず，右辺の最後の項から考える．式 (2.30) の最後の項をテイラー展開することにより，

$$\ln\left[1 - z\lambda(k)\right] = -\sum_{n=1}^{\infty} \frac{z^n}{n} \lambda^n(k)$$

となる．よって，この逆フーリエ変換は，

$$-\sum_{n=1}^{\infty} \frac{z^n}{n} P_n(x)$$

となる．ここで，$P_n(x)$ は，ステップ n での粒子の位置の確率密度関数である．式 (2.30) の右辺のもう一つの項は $\ln\left[\sum_{n=0}^{\infty} z^n p_n^-(k)\right] = \ln\left[1 + \sum_{n=1}^{\infty} z^n p_n^-(k)\right]$ という形になる．テイラー展開により，n 番目の項（$n \geq 1$）は，$p_m^-(k)$ の積の和として $n_1 + n_2 + \cdots = n$ を満たす $A_1 p_n^-(k) + A_2 p_{n_1}^-(k) p_{n_2}^-(k) + \cdots + A_m p_{n_1}^-(k) p_{n_2}^-(k) \cdots p_{n_m}^-(k) + \cdots$ という形となる．これは，異なる p^- 関数のたたみこみのフーリエ変換である．したがって，級数全体の逆フーリエ変換は，任意の $x > 0$ でゼロとなる関数となる．一方で，左辺の逆フーリエ変換は，

$$\ln\left[1 - \phi^+(z, k)\right] = -\sum_{n=1}^{\infty} \frac{\left[\phi^+(z, k)\right]^n}{n} \tag{2.31}$$

となり，これは任意の $x \leq 0$ でゼロとなる関数である．したがって，$x > 0$ に対して，両辺の逆フーリエ変換を考えると，右辺の第一項は無視することができ，

$$\frac{1}{2\pi} \int_{-\infty}^{\infty} \ln\left[1 - \phi^+(z, k)\right] e^{-ikx} \, dk = -\sum_{n=1}^{\infty} \frac{z^n}{n} P_n(x)$$

と書くことができる．ここで，両辺で x の正での積分は，

$$\int_{0+}^{\infty} \frac{1}{2\pi} \int_{-\infty}^{\infty} \ln\left[1 - \phi^+(z, k)\right] e^{-ikx} \, dk \, dx = -\int_{0+}^{\infty} \sum_{n=1}^{\infty} \frac{z^n}{n} P_n(x) \, dx \tag{2.32}$$

となる．右辺において，積分と和の順番を入れかえて，

$$-\int_{0+}^{\infty} \sum_{n=1}^{\infty} \frac{z^n}{n} p_n(x) \, dx = -\sum_{n=1}^{\infty} \frac{z^n}{n} C_n(x > 0)$$

となる．ここで，$C_n(x > 0) = \int_{0+}^{\infty} P_n(x) \, dx$ は，n ステップ後でランダムウォーカーが正の領域にいる確率である．

式 (2.32) の左辺に戻ろう. $\ln\left[1 - \phi^+(z,k)\right]$ は,式 (2.31) からわかるように,$x \le 0$ でゼロとなる関数のフーリエ変換であるので,x の積分は実軸全体に拡張することができる.それから,k に関する積分と x に関する積分は順序を入れ替えることができる.式 (2.32) の左辺は,その積分で $k \to 0$ という極限をとっていることに対応している.したがって,

$$\ln\left[1 - \phi^+(z,0)\right] = -\sum_{n=1}^{\infty} \frac{z^n}{n} C_n(x > 0).$$

式 (2.27) より,関数 $\Phi^+(z) = \phi^+(z,0)$ が $x > 0$ への初通過確率の母関数であることを思い出せば,揺動理論の主結果が得られる.つまり,

$$\Phi^+(z) = 1 - \exp\left[-\sum_{n=1}^{\infty} \frac{z^n}{n} C_n(x > 0)\right]. \tag{2.33}$$

$x = 0$ から始まる対称なランダムウォークの場合を考えよう.そして,右半面 $x > 0$ への初通過確率を見よう.ランダムウォークの対称性より,任意のステップ後に正の側にいる確率は $C_n(x > 0) = 1/2$ である.よって,

$$\Phi^+(z) = 1 - \exp\left[-\frac{1}{2}\sum_{n=1}^{\infty} \frac{z^n}{n}\right] = 1 - \exp\left[\frac{1}{2}\ln(1-z)\right] = 1 - \sqrt{1-z} \tag{2.34}$$

となる.これは,まさに演習問題 2.7 の母関数そのものである.この演習を解いていない人のため,初通過確率を得る他の方法を示す.平方根の 2 項展開を用いて,

$$\begin{aligned}
1 - \sqrt{1-z} &= 1 - \sum_{n=0}^{\infty} \binom{1/2}{n}(-z)^n \\
&\equiv \sum_{n=0}^{\infty} \frac{\left(\frac{1}{2}\right)\left(\frac{1}{2}-1\right)\cdots\left(\frac{1}{2}-n+1\right)}{n!}(-z)^n \\
&= \sum_{n=0}^{\infty} \frac{\Gamma\left(n-\frac{1}{2}\right)}{\Gamma\left(\frac{1}{2}\right)} \frac{z^n}{n!}
\end{aligned}$$

を得る.ここで,スターリングの公式を使うと,係数の漸近的な形が次のように得られる.

$$\ln\frac{\Gamma\left(n-\frac{1}{2}\right)}{2n!\Gamma\left(\frac{1}{2}\right)} \approx \ln\frac{1}{2\sqrt{\pi}} - \frac{3}{2}\ln n.$$

38   第 2 章　母関数とその応用

よって,

$$F_N^+ \cong \frac{1}{2\sqrt{\pi}} n^{-3/2}. \tag{2.35}$$

この結果は，単純で離散的なランダムウォークとほとんど同じである（係数が異なっていることは，原点への再帰が偶数ステップのときにのみ可能であるという事実と関係している）.

　ここでの導出は，文献 [4] の第 XVIII 章で議論された数学的手法を本書の第 1 章と第 2 章で得ることができる程度の知識に応用することに基づいている．有利な点は，この導出が格子上のランダムウォークを扱うことができる手法であり，第 1 章と第 2 章で導入されたもののみを使っている点である．ただし，簡便さや明確さのため，数学的な厳密さの大部分は考慮されていない.

　各ステップでの変位の確率密度関数の正確な形に依存することなく，そして，変位のモーメントが存在するかどうかに関係なく，対称なランダムウォークの正の領域への初通過確率は,

$$F_n^+ \cong \frac{1}{2\sqrt{\pi}} n^{-3/2}$$

のように振る舞う（揺動理論の結果として）.

参考文献

[1]　G. Doetsch. *Introduction to the Theory and Application of the Laplace Transformation*, Berlin: Springer, 1974

[2]　F. Oberhettinger. *Tables of Laplace Transforms*, New York: Springer, 1973

[3]　A.P. Prudnikov, Ya.A. Brychkov, and O.I. Marichev. *Integrals and Series*, Vol. 4: *Direct Laplace Transforms*; Vol. 5: *Inverse Laplace Transforms*, New York: Gordon and Breach, 1992

[4]　W. Feller. *An Introduction to Probability Theory and Its Applications*, New York: Wiley, 1971 （タウバー型定理は Vol. 2 の第 XIII 章 2.5 節で議論されている）

[5] M. Abramovitz and I.A. Stegun. *Handbook of Mathematical Functions*, New York: Dover, 1972

[6] I.S. Gradsteyn and I.M. Ryzhik. *Table of Integrals, Series, and Products*, San Diego: Academic Press, 1980

[7] E. Sparre Andersen. *Math. Scand.* **1**, 263 (1953)

[8] G. Polya. *Math. Ann.* **84**, 149 (1921)

[9] E.W. Montroll and G.H. Weiss. *J. Math. Phys.* **6**, 167 (1965)

さらなる参考書

M.N. Barber and B.W. Ninham. *Random and Restricted Walks: Theory and Applications*, New York: Gordon and Breach, 1970

G.H. Weiss. *Aspects and Applications of the Random Walk*, Amsterdam: North-Holland, 1994

B.D. Hughes. *Random Walks and Random Environments*, Vol. 1: *Random Walks*, Oxford: Clarendon, 1996

S. Redner. *A Guide to First-Passage Processes*, Cambridge: Cambridge University Press, 2001

第3章

連続時間ランダムウォーク

"Everything happens to everybody sooner or later if it is time enough."
（時が満ちれば，すべてのことが遅かれ早かれ，どんな人にも起こるものだ.）

George Bernard Shaw（ジョージ・バーナード・ショー）

たいてい，我々は，時間的に連続な発展を行う物理現象（過程）に興味がある.
しかしながら，これまでは，離散時間で表されるステップ数によって特徴付けられるランダムウォークを考えてきた．本章では，離散時間を実時間（連続時間）に変更する．ここでの物理的な時間は，モントロールとワイス (1964) [1] により定式化された連続時間ランダムウォーク（continuous-time random walk; CTRW）により導入される.

3.1 待ち時間分布

連続時間ランダムウォークでは，ランダムウォーカーはある格子点から別の格子点へ瞬間的にジャンプする．このとき，格子点での待ち時間（waiting time）t は，ある確率密度関数 $\psi(t)$ に従って選び出される確率変数である（図 3.1 を参照）.
したがって，確率密度関数の形が重要となる．もし待ち時間が常に一定であるならば（$\psi(t) = \delta(t - \tau)$），ランダムウォークの各ステップは，同じ時間 τ ごとになり，簡単にステップ数 n を時間 t に変換できる．しかし，これは例外であり，待ち時間のランダム性はより複雑な過程を導く．ここでは，各待ち時間（図 3.1 にある $t_1, t_2, \ldots$）が独立であると仮定する．待ち時間の確率密度関数が指数分布

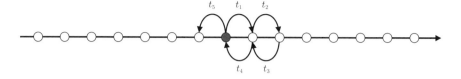

図 **3.1** 連続時間ランダムウォークの概念図．

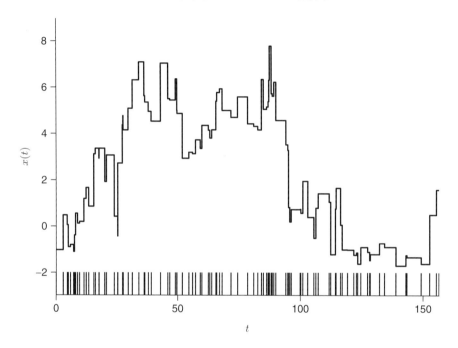

図 **3.2** 待ち時間分布が指数分布 ($\lambda = 1$) でステップの長さ分布がガウス分布（平均ゼロ，分散 1）である連続時間ランダムウォークの軌跡．グラフの下部に，ステップ時間がバーコード的なパターンで示されている．

$\psi(t) = \lambda e^{-\lambda t}$ である 1 次元の連続時間ランダムウォークの軌跡を図 3.2 に示す．

ここでの議論は，第 1 章でのものと非常によく似ている．しかしながら，待ち時間は非負であるという事実より，他の数学的道具を使うことが理にかなっている．具体的には，

$$\psi(s) = \int_0^\infty e^{-st} \psi(t)\, dt \equiv \langle e^{-st} \rangle \tag{3.1}$$

で定義される，待ち時間分布の（フーリエ変換ではなく）ラプラス変換（Laplace

transform：[2] または [3] を参照）を用いる．待ち時間の確率密度関数は規格化されている（$\int_0^\infty \psi(t)\,dt = 1$）ので，ラプラス変換は，条件 $\psi(s \to 0) = 1$ を満たしている．特性関数（フーリエ変換）のように，$\psi(t)$ のラプラス変換はモーメントの母関数である．もしモーメントが存在するならば，

$$\psi(s) = \sum_{n=0}^{\infty} (-1)^n \frac{\langle t^n \rangle s^n}{n!} \tag{3.2}$$

となる．

演習問題 3.1　待ち時間の確率密度関数が指数分布 $\psi(t) = \lambda \exp(-\lambda t)$ であるとして，平均待ち時間，分散を計算せよ．これは，モーメントの定義からも式 (3.2) の母関数からも計算できる．

演習問題 3.2　待ち時間の確率密度関数として引き伸ばされた指数関数 $\psi(t) = f(b, \alpha) \exp(-bt^\alpha)$ を考え，規格化定数 $f(b, \alpha)$ を求めよ．また，平均待ち時間も求めよ．

ヒント：変数変換 $\xi = bt^\alpha$ とガンマ関数の定義を使う（文献 [2] を参照）．

$t = 0$ から始まる過程を考えよう．$\psi_n(t)$ を時刻 $t = t_1 + t_2 + \cdots + t_n$ で n 回ステップが起こる確率密度関数とする．ここで，t_i は i 番目のステップに対する待ち時間である（図 3.1 参照）．$\psi_n(t)$ をラプラス変換すれば，

$$\begin{aligned}
\psi_n(s) &= \left\langle e^{-s(t_1 + t_2 + \cdots + t_n)} \right\rangle \\
&= \left\langle e^{-st_1} e^{-st_2} \cdots e^{-st_n} \right\rangle = \left\langle e^{-st_1} \right\rangle \left\langle e^{-st_2} \right\rangle \cdots \left\langle e^{-st_n} \right\rangle \\
&= \left\langle e^{-st} \right\rangle^n = \psi^n(s)
\end{aligned} \tag{3.3}$$

となる．ここで，1.4 節と同じように，待ち時間の独立性より，積の平均値を平均値の積に置き換えている．第 1 章の式 (1.5) とこの式は同値である．式 (1.4) との類似性は，

$$\psi_n(t) = \int_0^t \psi_{n-1}(t') \psi(t - t')\,dt'$$

を導く．このたたみこみのラプラス変換は，$\psi_n(s) = \psi_{n-1}(s)\psi(s)$ を導き，これを繰り返せば，式 (3.3) となる．

他の重要な量は，残存確率，つまり，ある格子点での待ち時間が t を超える確率，

$$\Psi(t) = \int_t^\infty \psi(t')\,dt' = 1 - \int_0^t \psi(t')\,dt' \tag{3.4}$$

である．$\Psi(t)$ のラプラス変換は，積分のラプラス変換の形 [2] になり，

$$\Psi(s) = \frac{1}{s} - \frac{\psi(s)}{s} = \frac{1 - \psi(s)}{s} \tag{3.5}$$

となる．残存確率を用いることにより，時刻 t までにちょうど n 回のステップが起きた確率を得ることができる．すなわち，（n を固定して t を引数として）その確率密度関数は，

$$\chi_n(t) = \int_0^t \psi_n(\tau)\Psi(t-\tau)\,d\tau \tag{3.6}$$

で与えられる．ここで，この式は時刻 $\tau < t$ で n ステップを完了し，残りの時間 $t-\tau$ はジャンプをせず待っていることを意味している．時刻 t までに n ステップした確率密度関数である $\chi_n(t)$ と n ステップがちょうど時刻 t で起きる**確率密度関数** $\psi_n(t)$ の違いには注意したい．二つの関係は式 (3.6) により結びつけられる．この式はたたみこみの形になっているので，そのラプラス変換は

$$\chi_n(s) = \psi^n(s)\frac{1 - \psi(s)}{s} \tag{3.7}$$

となる．

連続時間ランダムウォークの内部時計（ステップ数）n と実際の物理時間 t との対応は，時刻 t までにちょうど n ステップした確率密度関数 $\chi_n(t)$ によって与えられる．このラプラス変換は次のようになる，すなわち，

$$\chi_n(s) = \psi^n(s)\frac{1 - \psi(s)}{s}.$$

3.2 ステップを時間へ変更

ここで，ランダムウォークの話に戻ろう．時刻 t でのランダムウォーカーの位置の確率密度関数は，

$$P(x,t) = \sum_{n=0}^\infty P_n(x)\chi_n(t) \tag{3.8}$$

で与えられることに注意しよう．これは，第1章の過程を連続時間ランダムウォークの内部時計 n から我々が興味のある物理時間 t へ変更したことを意味する．式 (3.8) は以下のことを意味している．すなわち，時刻 t でのランダムウォーカーの位置は，時刻 t までに n ステップしたならば（それは確率 $\chi_n(t)$ で起こる），n ステップ後の位置である．式 (3.8) は，本質的に従属（subordination）の例である．これは，本章の最後に議論される．式 (3.8) をラプラス変換すれば，

$$P(x,s) = \sum_{n=0}^{\infty} P_n(x)\chi_n(s) = \sum_{n=0}^{\infty} P_n(x)\psi^n(s)\frac{1-\psi(s)}{s} \tag{3.9}$$

が得られる．x から k へフーリエ変換し，第1章の式 (1.5) を用いれば，

$$P(k,s) = \sum_{n=0}^{\infty} P_n(k)\chi_n(s) = \frac{1-\psi(s)}{s}\sum_{n=0}^{\infty}\lambda^n(k)\psi^n(s)$$

が導かれる．右辺の和は等比級数であり，簡単に計算でき，$P(k,s)$ は

$$P(k,s) = \frac{1-\psi(s)}{s}\frac{1}{1-\lambda(k)\psi(s)} \tag{3.10}$$

となる．この方程式は，(少なくとも待ち時間とジャンプが独立である，または相関がない場合) 連続時間ランダムウォークの理論の中心的な結果である．(フーリエ変換とラプラス変換の) 逆変換により時刻 t での位置 x の確率密度関数 $P(x,t)$ が与えられる．第1章での式 (1.5) では，最初のジャンプを行う前にランダムウォーカーが位置 $x = 0$ にいると仮定しているため，式 (3.10) は，時刻 $t = 0$ でランダムウォーカーが位置 $x = 0$ からスタートした状況のときにのみ適用されることに注意する．式 (3.10) の比較的簡単な形は，実空間 - 実時間での解析よりもフーリエ変換やラプラス変換の変数の空間での計算の方が簡単であることを意味している．式 (3.10) の形は高次元でも成立する．

時刻 t で位置 $\mathbf{r}$ にランダムウォーカーを発見する確率密度関数のフーリエ - ラプラス変換が，連続時間ランダムウォークの主要な結果である．すなわち，

$$P(\mathbf{k},s) = \frac{1-\psi(s)}{s}\frac{1}{1-\lambda(\mathbf{k})\psi(s)}.$$

例 3.1　待ち時間の確率密度関数が指数分布,

$$\psi(t) = \tau^{-1} e^{-t/\tau}$$

であるとき, そのラプラス変換は

$$\psi(s) = \frac{1}{1 + s\tau} \tag{3.11}$$

で与えられる. フーリエ変換の場合と同じように, 小さな s は長時間に対応している. 式 (3.2) より, 小さな s に対して, $\psi(s)$ は $\psi(s) = 1 - \langle t \rangle s + \cdots$ により近似できる. ここで, $\langle t \rangle = \tau$ である. さらに, 第 1 章の例 1.1 と同じようにステップサイズの確率密度関数がガウス分布だと仮定する. $\lambda(k)$ と $\psi(s)$ を式 (3.10) に代入し, $\lambda(k)$ と $\psi(s)$ を k^2 と s^1 のオーダーまでで展開すれば,

$$P(k,s) \approx \frac{\tau}{1 - \left(1 - \frac{k^2 \sigma^2}{2}\right)(1 - s\tau)}$$

を得る. 高次の項 ($k^2 s$ の項) を無視すれば,

$$P(k,s) \approx \frac{\tau}{\frac{k^2 \sigma^2}{2} + s\tau} \tag{3.12}$$

となる. 実空間‐時間領域への逆変換は, 二つの段階を経て行われる. まず最初はラプラス逆変換で

$$P(k,t) = \exp\left(-\frac{\sigma^2 k^2}{2\tau} t\right)$$

となる (指数関数のラプラス変換が式 (3.11) のようになることがわかっているので, それを式 (3.12) で使っている). そして, この逆フーリエ変換は次のようにガウス分布を与える.

$$P(x,t) = \frac{1}{\sqrt{2\pi\sigma^2 t/\tau}} \exp\left(-\frac{x^2}{2\sigma^2 t/\tau}\right).$$

例 3.2　前の例では, ステップサイズの分布がガウス分布であるとしたが, 待ち時間分布が指数分布である場合の格子上の連続時間ランダムウォークでは, 厳密な取り扱いが可能である. 待ち時間分布のラプラス変換 $\psi(s) = 1/(1 + s\tau)$ と $\lambda(k) = \cos k$ (各ステップでのサイズ分布の特性関数) を用いれば,

$$P(k,s) = \frac{1 - \frac{1}{1+s\tau}}{s} \frac{1}{1 - \cos k \frac{1}{1+s\tau}} = \frac{\tau}{s\tau + (1 - \cos k)}$$

となる．この式のラプラス逆変換は，次のようにまた指数関数となる．

$$P(k,t) = e^{-(1-\cos k)t/\tau}.$$

そして，フーリエ逆変換は，

$$P(j,t) = \frac{1}{2\pi} \int_{-\pi}^{\pi} \cos jk \; e^{-(1-\cos k)t/\tau} \, dk = e^{-t/\tau} I_j(t/\tau)$$

となる．ここで，$I_j(x)$ は変形ベッセル関数である（文献 [4] の式 (9.6.20) を見よ）．文献 [4] の式 (9.7.1) の漸近展開

$$I_\nu(z) \sim \frac{e^z}{\sqrt{2\pi z}} \left\{ 1 - \frac{4\nu^2 - 1}{8z} + \cdots \right\}$$

を用いれば，原点にいる確率は時間に対して，次のように $\sqrt{t}$ で減衰する．

$$P(0,t) = e^{-t/\tau} I_0(t/\tau) \cong \frac{1}{\sqrt{2\pi t/\tau}}.$$

これは，本章の最後に考える原点への再帰確率とは異なっている．

　ここまでは，1 次元の連続時間ランダムウォークを考えてきた．ここからは高次元の場合を考える．格子上の連続時間ランダムウォークと第 2 章で議論した格子上のランダムウォークの母関数には深い関係が存在する．式 (3.8) に戻ろう．すなわち，

$$P(\mathbf{r},s) = \sum_{n=0}^{\infty} P_n(\mathbf{r})\chi_n(s) = \frac{1-\psi(s)}{s} \sum_{n=0}^{\infty} P_n(\mathbf{r})\psi^n(s).$$

この式の和は，母関数 $P(\mathbf{r},z) = \sum_{n=0}^{\infty} P_n(\mathbf{r})z^n$ における変数 z を $\psi(s)$ へ置き換えれば，$P(\mathbf{r},z)$ に対応している．変数を置き換えて $(1-\psi(s))/s$ を掛ければ，第 2 章の多くの結果を用いることができる．すなわち，

$$P(\mathbf{r},s) = \frac{1-\psi(s)}{s} P(\mathbf{r},z=\psi(s)). \tag{3.13}$$

演習問題 2.5 より，

$$P(\mathbf{r},z) = \sum_{n=0}^{\infty} z^n P_n(\mathbf{r}) = \frac{1}{(2\pi)^d} \int_{-\pi}^{\pi} \cdots \int_{-\pi}^{\pi} \frac{e^{-i\boldsymbol{\Theta}\mathbf{r}}}{1-zp(\boldsymbol{\Theta})} \, d^d\boldsymbol{\Theta}$$

となり，d 次元の超立方格子上の連続時間ランダムウォークでは，

$$P(\mathbf{r},s) = \frac{1-\psi(s)}{(2\pi)^d s} \int_{-\pi}^{\pi} \cdots \int_{-\pi}^{\pi} \frac{e^{-i\boldsymbol{\Theta}\mathbf{r}}}{1-]\lambda(\boldsymbol{\Theta})\psi(s)} \, d^d\boldsymbol{\Theta}$$

となる．この結果は，第 4 章で使われる．

3.3 連続時間ランダムウォークにおける変位のモーメント

変位のモーメントの時間依存性，$M_n(t) = (-i)^n \left. \dfrac{d^n P(k,t)}{dk^n} \right|_{k=0}$ を考えよう（第 1章を参照）．これは，ラプラス空間では，

$$M_n(s) = \int_0^\infty M_n(t) e^{-st}\, dt = (-i)^n \left. \frac{d^n P(k,s)}{dk^n} \right|_{k=0}$$

となる．例えば，多くの応用で用いられる平均 2 乗変位を次のように計算しよう．

$$M_2(s) = -\left. \frac{d^2 P(k,s)}{dk^2} \right|_{k=0} = -\frac{1-\psi(s)}{s} \left. \frac{d^2}{dk^2} \frac{1}{1-\lambda(k)\psi(s)} \right|_{k=0}$$
$$= \frac{\psi(s)}{s\,[1-\psi(s)]} \langle l^2 \rangle + \frac{2\psi^2(s)}{s\,[1-\psi(s)]^2} \langle l \rangle^2.$$

ここで，$\lambda(0) = 1$ を用い，各ステップでの最初の二つのモーメントを，$\langle l \rangle = \int_{-\infty}^\infty x p(x)\, dx$，$\langle l^2 \rangle = \int_{-\infty}^\infty x^2 p(x)\, dx$ とおいた．対称な連続時間ランダムウォークでは，第 2 項はなくなり，

$$M_2(s) = \langle x^2(s) \rangle = \frac{\psi(s)}{s\,[1-\psi(s)]} \langle l^2 \rangle \tag{3.14}$$

となる．

例 3.3 ラプラス変換が式 (3.11) で与えられる指数分布が待ち時間分布である場合，平均 2 乗変位は

$$\langle x^2(s) \rangle = \frac{\psi(s)}{s\,[1-\psi(s)]} \langle l^2 \rangle = \langle l^2 \rangle \frac{\frac{1}{1+s\tau}}{s\left[1-\frac{1}{1+s\tau}\right]} = \langle l^2 \rangle \frac{1}{s^2\tau}$$

となり，このラプラス逆変換は，次のようになる．

$$\langle x^2(t) \rangle = \frac{\langle l^2 \rangle}{\tau} t. \tag{3.15}$$

平均 2 乗変位の時間に関して線形的に増大することは，かなり一般的であり，各ステップでの変位の 2 次モーメントと待ち時間の 1 次モーメントが存在するならば，少なくとも漸近的には常に線形的に増加する．式 (3.15) の比例係数は，通常の 1 次元拡散では，平均 2 乗変位が

$$\langle x^2(t) \rangle = 2Dt \tag{3.16}$$

のようになるので，拡散係数 D と $D = \langle l^2 \rangle / 2\tau$ という関係がある．

48　第3章　連続時間ランダムウォーク

演習問題 3.3　時刻 t までの平均ステップ数 $\langle n(t) \rangle = \sum\limits_{n=0}^{\infty} n\chi_n(t)$ を考えよう.

ラプラス空間では,この表現は $\langle n(s) \rangle = \frac{1-\psi(s)}{s} \sum\limits_{n=0}^{\infty} n\psi^n(s)$ で与えられる.

$$\langle n(s) \rangle = \frac{\psi(s)}{s\,[1-\psi(s)]} \tag{3.17}$$

を示せ.

ヒント：$\sum\limits_{n=0}^{\infty} nz^n = z\frac{d}{dz} \sum\limits_{n=0}^{\infty} z^n$.

式 (3.17) は,本質的には,式 (3.14) で与えられる平均2乗変位が,ラプラス空間では $\langle x^2(s) \rangle = \langle l^2 \rangle \langle n(s) \rangle$,実空間では

$$\langle x^2(t) \rangle = \langle l^2 \rangle \langle n(t) \rangle \tag{3.18}$$

で与えられることを意味している.式 (3.18) は,非常に明快であり,これまでの導出よりも適用範囲も広い.この式は,第1章の式 (1.11) の n に関する平均に対応している.

3.4　ベキ分布の待ち時間分布

これまで待ち時間分布は1次モーメントを持つ,つまり,$\langle t \rangle = \tau$ であるとしてきた.しかしながら,待ち時間分布のモーメントが存在しない状況,特に,1次モーメントが存在しない状況がある.もっとも重要な状況は,待ち時間の確率密度関数が漸近的にベキ則に従うものである,すなわち

$$\psi(t) \sim \frac{\alpha}{\Gamma(1-\alpha)} \frac{\tau^\alpha}{t^{1+\alpha}}, \quad 0 < \alpha < 1. \tag{3.19}$$

これはまた裾が重い分布とも呼ばれる.式 (3.19) における係数でガンマ関数が用いられているが,これはいくつかの計算において表現が簡単になるために導入されている.

待ち時間の確率密度関数がベキ則 $\psi(t) = \frac{1}{6} \frac{1}{(1+t/3)^{3/2}}$ に従う連続時間ランダムウォークの軌跡(α = 1/2 に対応)が図 3.3 に示されている.関数 $\psi(t)$ の中央値はちょうど1になるように定義されている.つまり,ある格子点の待ち時間が1

3.4 ベキ分布の待ち時間分布 49

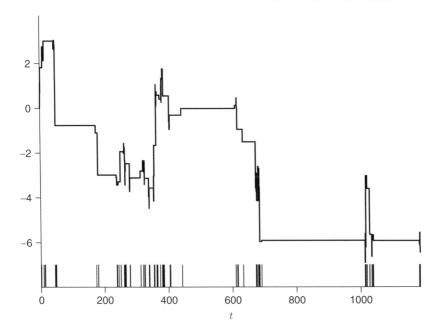

図 3.3 待ち時間の確率密度関数が $\psi(t) \propto^{-3/2}$ である連続時間ランダムウォークの 100 ステップでの軌跡．ステップ時間は，図 3.2 と同じように，下側の図に示されている．ステップの長さの分布は分散 1 の対称なガウス分布である．

より小さくなる確率（または 1 より大きくなる確率）は 1/2 である．図の下側にあるバーコード的なグラフは，この連続時間ランダムウォークでのジャンプした時間を示している．ジャンプはかなり不規則であることに注意したい．時間が経過するにつれて，ある格子点に長時間滞留する確率は増大していく．これは，指数分布の待ち時間分布のときとは異なっており，1 次モーメントが存在しないベキ分布の特徴である．

待ち時間分布である式 (3.19) のラプラス変換は，小さな s に対して，ラプラス変換のタウバー型定理により与えられる．つまり，$t \to \infty$ で $f(t)$ が $f(t) \cong t^{\rho-1} L(t)$ $(0 < \rho < \infty)$ のように振る舞うならば（ここで，$L(t)$ は緩慢変動関数である），そのラプラス変換は $f(s) \cong \Gamma(\rho) s^{-\rho} L(1/s)$ で与えられる．ここで，$\Gamma(\rho)$ はガンマ関数である [5] [1]．

---

[1] ほとんどの場合，ここと同じような状況を考えるが，タウバー型定理はまた逆の場合にも，$t \to 0$ での振る舞いを $s \to \infty$ でのラプラス変換の振る舞いに結びつけることにより，適用することができる．この場合，関数 $L(t)$ はゼロで緩慢変動している．つまり，$L(1/t)$ は（無限大で）緩慢変動である．

50　第3章　連続時間ランダムウォーク

タウバー型定理より，

$$f(t) \cong t^{\rho-1} L(t)$$

$$\Updownarrow$$

$$f(s) \cong \Gamma(\rho) s^{-\rho} L(1/s).$$

しかしながら，式 (3.19) へタウバー型定理をそのまま適用しても正しい結果を得ることができない．なぜなら，$\psi(t)$ は規格化条件 $\int_0^\infty \psi(t)\, dt = 1$，つまり，$\psi(s \to 0) = 1$ を満たさなければならない．このため，関数 $\Psi(t)$ を考える．これは，大きな t に対して，$\Psi(t) \cong \tau^\alpha / t^\alpha$ のように振る舞う．タウバー型定理をこの関数へ適用して，$\Psi(s) \cong \tau^\alpha s^{\alpha-1}$ を得る．式 (3.5) を使って，小さな s に対して，

$$\psi(s) = 1 - \tau^\alpha s^\alpha \tag{3.20}$$

が得られる．

タウバー型定理の破壊力は次の演習問題で示される．そこでは，待ち時間の確率密度関数が最も遅い減衰，つまり，非常に遅い運動の場合が議論されている．

演習問題 3.4　待ち時間の確率密度関数が漸近的に $\psi(t) \sim \frac{1}{t \ln^\beta t}\, (\beta > 1)$ のように振る舞っているとき，$\psi(s)$ を計算し，$1 - \psi(s) \propto \frac{1}{(\beta-1)} \frac{1}{\ln^{\beta-1}(1/s)}$ となることを示せ．

演習問題 3.5　非常に遅い連続時間ランダムウォーク（演習問題 3.4）において，粒子の変位の確率密度関数は両側指数分布 $P(x,t) = \frac{1}{2W(t)} \exp\left(-\frac{|x|}{W(t)}\right)$ の形になることを示せ．そして，この分布の $W(t)$ の時間依存性を明らかにせよ．

ヒント：通常と同じように，式 (3.12) を導いた手続きに従い，逆ラプラス変換を実行せよ．その際，対応する $P(k,s)$ が，（k に応じて）$\frac{1}{s} L\left(\frac{1}{s}\right)$ という形になることに注意せよ．ここで，$L(x)$ は緩慢変動関数である．

ベキ的な待ち時間の確率密度関数における $\psi(s)$ の振る舞いは，次の演習問題で議論される．

3.4 ベキ分布の待ち時間分布 51

演習問題 3.6 緩慢変動関数に注意を払わなければ，式 (3.20) の結果は，第1章の式 (1.13) で用いられたものと似た方法で得ることができる．$\psi(s) = 1 - (1 - \psi(s)) = 1 - \int_0^\infty (1 - e^{-st}) \psi(t)\,dt$ を使って，式 (3.20) を導出せよ．

演習問題 3.7 時刻 t までにちょうど n 回のジャンプを行なった確率密度関数は，ラプラス空間では，$\chi_n(s) = \psi^n(s) \frac{1 - \psi(s)}{s}$ のように表される．式 (3.19) のような裾の重い分布を持った確率密度関数 $\psi(t)$ を考え，$s \to 0$ に対して，$\chi_n(s) \cong \tau^\alpha s^{\alpha-1} \exp(-n\tau^\alpha s^\alpha)$ を示せ．

演習問題 3.7 の結果は，時刻 t までのステップ数の分布の漸近形と**片側レヴィ分布**（one-sided Lévy distribution）$L_\alpha(t)$ を結びつけている．この確率密度関数のラプラス変換は $L_\alpha(s) = \exp(-s^\alpha)$ である．

演習問題 3.8 $\chi_n(t)$ の漸近形は $\chi_n(t) \approx \frac{t}{\alpha\tau} n^{-\frac{1}{\alpha}-1} L_\alpha\left(\frac{t}{\tau n^{1/\alpha}}\right)$ で与えられることを示せ．

ヒント：$\chi_n(s) \cong -\frac{1}{s} \frac{d}{dn} \exp(-n\tau^\alpha s^\alpha)$ であることに注意せよ．

第7章で詳しく議論するように，片側レヴィ分布は，$t \gg 1$ で $L_\alpha(t) \propto t^{-1-\alpha}$ のように振る舞う．そして，$t \to 0$ で速やかにゼロになる．したがって，$n \ll (t/\tau)^\alpha$ で $\chi_n(t) \propto \left(\frac{t}{\tau}\right)^\alpha$ となり，$n \gg (t/\tau)^\alpha$ でゼロになる [6]．多くの応用では，これはカットオフにおけるベキ分布で近似される．

裾の重い待ち時間分布をいくつか紹介しよう．非常に有名なものは，レヴィ-スミルノフの確率密度関数

$$\psi(t) = \frac{\tau^{1/2}}{2\sqrt{\pi}\,t^{3/2}} \exp\left(-\frac{\tau}{4t}\right) \tag{3.21}$$

である．このラプラス変換は $\psi(s) = \exp\left(-\sqrt{\tau s}\right)$ である（文献 [4] の式 (29.3.82) を参照）．上で議論したように，$s \to 0$ に対して，$\psi(s) \cong 1 - \tau^{1/2} s^{1/2}$ となる．対応する確率 $\chi_n(t)$ が図 3.4 に示されている．レヴィ-スミルノフの確率密度関数は，演習問題 3.8 で議論したように（また第7章も参照），片側安定分布の一つの例，つまり，指数 $\alpha = 1/2$ の片側安定分布である．

このような待ち時間分布が連続時間ランダムウォークに現れる状況には，無限大の長さを持つ歯で構成されたくし状のモデル（comb model）がある（図 3.5 を

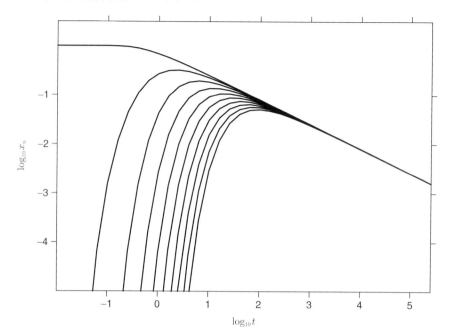

図 3.4 式 (3.21) の待ち時間分布であるときの関数 $\chi_n(t)$ ($n = 0, 1, \ldots, 9$. ここで $\tau = 2$ である).

参照). ここでは, x 軸方向 (背骨) の変位のみに注目する. このとき, 待ち時間はくしに沿った運動に起因しており, y 軸方向における初期点への再帰時間が待ち時間に対応している. この確率密度関数は式 (2.14) で与えられる. したがって, くし状のモデルでは, $\psi(t) \propto t^{-3/2}$ となる.

他の例は $\psi(t) = -\frac{d}{dt}\left(e^{t/\tau} \operatorname{erfc} \sqrt{t/\tau}\right)$ である. ここで, $\operatorname{erfc}(x)$ は, 誤差関数である (文献 [4] の式 (7.1.2) を参照). $\psi(t)$ の漸近的振る舞いは, 文献 [4] の式 (7.1.23) で与えられ, それは前の例とまさに同じである. すなわち, $\psi(t) \cong \frac{1}{2\sqrt{\pi}} \frac{\tau^{1/2}}{t^{3/2}}$ である. 対応する残存確率 $\Psi(t) = e^{t/\tau} \operatorname{erfc} \sqrt{t/\tau}$ のラプラス変換は, $\Psi(s) = \frac{1}{s+(s/\tau)^{1/2}}$ となる. この残存確率は, ミッタク・レフラー関数 (Mittag-Leffler function) $E_\alpha\left[-\left(t/\tau\right)^\alpha\right]$ の族の表現の一つである (第 6 章を参照). また, ミッタク・レフラー関数は, ラプラス変換としては $f(s) = \frac{1}{s+\tau^{-\alpha}s^{1-\alpha}}$ で定義される. この場合, $\alpha = 1/2$ に対応している.

片側安定分布とミッタク・レフラー関数の微分は, 裾の重い待ち時間の確率密

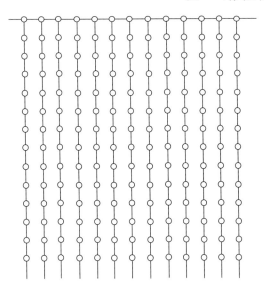

図 3.5 くし状の構造での水平方向へのランダムウォーカーの変位は，くしの方向にトラップされることにより，ベキ的な待ち時間分布を持つ連続時間ランダムウォークと考えることができる．

度関数に対するよい解析的なモデルである．これは，漸近形だけでなく全体の時間領域の振る舞いを与えている．また，もう一つのよい点は，乱数発生に関する効率のよいアルゴリズムがあることである（第 7 章を参照）．

裾の重い待ち時間の確率密度関数は，異なる強度と緩和時間を持つ指数分布の重ね合わせとしても与えられる．次の例を考えよう．

$$\psi(t) = \frac{1-b}{b} \sum_{j=1}^{\infty} b^j \beta^j e^{-\beta^j t}.$$

これは $b<1$ で意味を持つ．この例は，第 1 章でのワイエルストラシュ関数を思い起こさせる．$\psi(\beta t)$ を考えよう．これは，

$$\begin{aligned}
\psi(\beta t) &= \frac{1-b}{b} \sum_{j=1}^{\infty} b^j \beta^j e^{-\beta^{j+1} t} \\
&= \frac{1}{b\beta} \frac{1-b}{b} \sum_{j=1}^{\infty} b^{j+1} \beta^{j+1} e^{-\beta^{j+1} t} = \frac{\psi(t)}{b\beta} - \frac{1-b}{b} e^{-\beta t}
\end{aligned}$$

54 第3章 連続時間ランダムウォーク

で与えられる．大きな t に対して，2 番目の項は無視でき，

$$\psi(\beta t) = \frac{1}{b\beta}\psi(t)$$

となる．この方程式の解は，ベキ関数 $\psi(t) \propto 1/t^{1+\alpha}$ で $\alpha = \frac{\ln b}{\ln \beta}$ となる．これは，$\beta < b$ で最初のモーメントが存在しなくなる．

このモデルの連続版も考えることができる．このようなモデルは，強い不均一性を持つ半導体における遅い拡散を議論するときに出てくる [7]．

演習問題 3.9　平均待ち時間 τ で特徴づけられるポテンシャルの井戸にいる粒子の待ち時間 t の確率密度関数は，指数分布 $\psi(t|\tau) = \frac{1}{\tau}\exp\left(-\frac{t}{\tau}\right)$ に従う．エネルギー障壁が U であるポテンシャルの井戸にいる粒子の典型的な待ち時間 τ は，$\tau \propto \exp\left(\frac{U}{k_B T}\right)$ で与えられる．ここで，k_B はボルツマン定数，T は温度である．エネルギー障壁の分布が指数分布 $p(U) \propto \exp\left(-\frac{U}{U_0}\right)$ に従うとする．待ち時間 τ の確率密度関数がベキ分布 $p(\tau) \propto \frac{\tau_0}{\tau^{1+\alpha}}$ になり，$\alpha = \frac{k_B T}{U_0}$ となることを示せ．また，待ち時間の確率密度関数 $\psi(t)$ は同じベキ的な漸近形を持つことを示せ．

ここで議論したエネルギー的な不均質性（energetic disorder）のモデルの幾何的な類似物はランダムなくしの長さを持つくし状のモデルである．上のトラップモデルにおける異常拡散の振る舞いは次元に依存することに注意したい（文献 [8] を参照）．

3.5　平均ステップ数，平均 2 乗変位，原点にいる確率

裾の重い分布（ベキ分布）の平均ステップ数 $\langle n(t) \rangle$ を考えよう．式 (3.17) と (3.20) を用いると，$\langle n(s) \rangle \approx \frac{1}{\tau^\alpha s^{\alpha+1}}$ が得られる．ここで，最大次数のみを与えている．タウバー型定理により，その逆変換は

$$\langle n(t) \rangle = \frac{1}{\Gamma(1+\alpha)}\frac{t^\alpha}{\tau^\alpha} \tag{3.22}$$

となる．平均値が存在する（有限である）待ち時間の確率密度関数の場合とは異なり（この場合，平均ステップ数は時間に対して線形に増大），平均 2 乗変位は劣線形に増大する（$0 < \alpha < 1$ であることに注意）．

3.5 平均ステップ数，平均2乗変位，原点にいる確率　55

　裾が重い待ち時間分布での連続時間ランダムウォークでは，平均ステップ数は $\langle n(t) \rangle \propto t^\alpha$ のように増大する．ステップ率は，$k(t) = \frac{d}{dt}\langle n(t) \rangle \propto t^{-(1-\alpha)}$ のように時間と共に減衰する．

演習問題 3.10　待ち時間の確率密度関数が漸近的に $\psi(t) \sim \frac{1}{t \ln^\beta t}$ $(\beta > 1)$ のように振る舞う連続時間ランダムウォークにおいて，時刻 t までのステップ数の平均値を求めよ（演習問題 3.4 を参照）．

演習問題 3.11　時刻 t でのステップ率は $k(t) = \sum_{n=0}^{\infty} \psi_n(t)$ となる．式 (3.3) を使って，ラプラス空間における $k(t)$ の閉じた形を求めよ．また，指数分布に従う待ち時間の確率密度関数，式 (3.11)，に対して，ステップ率 $k(t)$ は任意の $t > 0$ で一定（τ^{-1}）であることを示せ．さらに，ベキ分布の場合，ステップ率は時間に対して，$k(t) \propto t^{\alpha-1}$ で減衰することを示せ．これは，第4章で示すように，裾が重い待ち時間分布での連続時間ランダムウォークにおけるエイジングの性質の例である．

ステップ率 $k(t)$ は正確に $k(t) = \frac{d}{dt}\langle n(t) \rangle$ で与えられることに注意せよ．

　式 (3.18) より，直ちに連続時間ランダムウォークにおける平均2乗変位が，次のように得られる．

$$\langle x^2(t) \rangle = const \cdot \langle l^2 \rangle \left(\frac{t}{\tau} \right)^\alpha .$$

これは線形よりゆっくりと増大するという**遅い拡散**（subdiffusion）の一つの特徴を表している．正確には，

$$\langle x^2(t) \rangle = \frac{1}{\Gamma(1+\alpha)} \frac{\langle l^2 \rangle}{\tau^\alpha} t^\alpha = 2K_\alpha t^\alpha \tag{3.23}$$

という形になる．ここで，$K_\alpha = \langle l^2 \rangle / 2\tau^\alpha \Gamma(1+\alpha)$ は，一般化された拡散係数で $[\mathrm{K}_\alpha] = \left[\frac{\mathrm{L}^2}{\mathrm{T}^\alpha} \right]$ という次元を持つ．$\alpha \to 1$ の場合，式 (3.23) は通常の拡散になり，その拡散係数は $K_1 = D = \frac{\langle l^2 \rangle}{2\tau}$ となる（式 (3.16) を参照）．

56　第 3 章　連続時間ランダムウォーク

　裾が重い待ち時間分布での連続時間ランダムウォークにおける平均 2 乗変位は $\langle x^2(t) \rangle \propto t^\alpha$ のように増大し，原点にいる確率は $P(0,t) \propto t^{-\alpha/2}$ のように減衰する．

　裾の重い待ち時間分布の連続時間ランダムウォークにおける粒子の位置の確率密度関数を考えよう．これは指数分布の場合において導いた式 (3.12) と同じようにして得られる．裾の重い待ち時間分布の確率密度関数は，

$$P(k,s) = \frac{\tau^\alpha s^{\alpha-1}}{\frac{k^2 \sigma^2}{2} + \tau^\alpha s^\alpha} \tag{3.24}$$

となる．ここで，$\alpha = 1$ とすれば，この式は式 (3.12) となる．式 (3.24) は，すでにそのままで有用である．例えば，変位のモーメントや原点にいる確率を導いたりする．後者は，

$$P(0,s) = \frac{\tau^\alpha s^{\alpha-1}}{2\pi} \int_{-\infty}^{\infty} \frac{dk}{\frac{k^2 \sigma^2}{2} + \tau^\alpha s^\alpha}$$

という積分で与えられる．変数変換 $x = \sqrt{\sigma^2/2s^\alpha \tau^\alpha}\, k$ をすると，

$$P(0,s) = \frac{\tau^{\alpha/2}}{\sqrt{2}\,\pi \sigma s^{1-\alpha/2}} \int_{-\infty}^{\infty} \frac{dx}{x^2+1} = \frac{\tau^{\alpha/2}}{\sqrt{2}\, s^{1-\alpha/2}}$$

となる．タウバー定理によりこの逆ラプラス変換を求めれば，

$$P(0,t) = \frac{\tau^{\alpha/2}}{\sqrt{2}\,\sigma \Gamma(1-\alpha/2)} t^{-\alpha/2}$$

となる．$P(0,t)$ は，基本的に $\langle x^2(t)\rangle^{-1/2}$ と同じ次数になることに注意する．ここで，$\langle x^2(t)\rangle$ は，式 (3.23) で与えられる．規格化条件より，粒子の位置の確率密度関数の原点での高さは，その逆数の幅の次数と同じである．

　原点にいる確率は，格子上のランダムウォークでは演習問題 3.12 で示されているように，他のやり方でも導くことができる．

演習問題 3.12　第 1 章の例 1.1 で n ステップで原点にいる確率は $P_n(0) \sim 1/\sqrt{2\pi\sigma^2 n}$ となることを示した．式 (3.8) と演習問題 3.7 における $\chi_n(s)$ に対する結果を使って，$P(0,t)$ を再度導け．

ヒント：$P(0,s)$ を考え，n を連続変数と近似せよ．

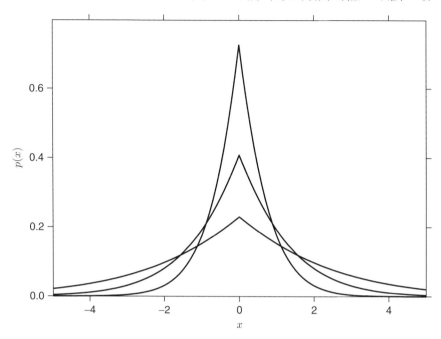

図 3.6 待ち時間分布が $\psi(t) \propto t^{-3/2}$ であるときの連続時間ランダムウォークの確率密度関数. 異なる三つの時間 ($t_1 : t_2 : t_3 = 1 : 10 : 100$) での確率密度関数を示している.

式 (3.24) の逆フーリエ - ラプラス変換は,いわゆる,フォックス関数で表現される.この関数は,いくつかの場合には,簡単な関数になる.図 3.6 は,$\alpha = 1/2$ でのいくつか異なる時間での確率密度関数を示している.$x = 0$ で確率密度関数は尖っていることに注意する.これは,$\alpha < 1$ で 1 次元の連続時間ランダムウォークの確率密度関数の特徴である.この確率密度関数 $P(x,t)$ は $x/t^{1/4}$ でスケールされる.この事実は,基本的には逆フーリエ - ラプラス変換に由来している.

> **演習問題 3.13** 式 (3.24) を使って,ベキ指数 α であるベキ的な待ち時間分布を持つ連続時間ランダムウォークの確率密度関数 $P(x,t)$ は $x/t^{\alpha/2}$ とスケールされることを示せ.つまり,$P(x,t) = \frac{1}{t^{\alpha/2}} f\left(\frac{x}{t^{\alpha/2}}\right)$ となる.

3.6 ベキ分布を持つ連続時間ランダムウォークの他の特徴的な性質

第2章では，格子上のランダムウォークにおける再帰確率 $F_n(\mathbf{0})$ や異なる格子点を訪れた回数の平均 $\langle S_n \rangle$ をステップ数 n の関数として調べた．第9章では，これらの性質が化学反応の記述においていかに重要であるかを説明する．ここでは，第2章の結果を連続時間ランダムウォークの場合に一般化する．我々は，従属の考えを使って，ランダムウォーカーの内部の時計（ステップ数 n）と物理的な時間 t を結びつける．この接続は，しかしながら，最初の再帰時間とステップ数の平均とで異なってくる．この相違は，3.1節の最後で議論した $\psi_n(t)$ と $\chi_n(t)$ の違いに起因している（$\psi_n(t)$ は n 回ステップするのにかかる時間が t である確率密度関数だが $\chi_n(t)$ は時刻 t で n 回ステップする確率）．

時刻 t までに訪れた格子点の数の平均を考えることから始めよう．ここでの状況は，$P(x,t)$ である式 (3.8) の計算と同じである．すなわち，

$$\langle S(t) \rangle = \sum_{n=0}^{\infty} \langle S_n \rangle \chi_n(t). \tag{3.25}$$

3次元では，$\langle S_n \rangle \sim n$ であり，式 (2.24) により，

$$\langle S(t) \rangle = \sum_{n=0}^{\infty} \frac{n}{P(\mathbf{0},1)} \chi_n(t) = \frac{\langle n(t) \rangle}{P(\mathbf{0},1)}$$

を得る．ここで，$\langle n(t) \rangle$ は，演習問題 3.3 で見たように，時刻 t までのステップ数の平均である．待ち時間分布が平均値 τ を持つ場合，単純に $\langle n(t) \rangle = t/\tau$ となる．裾が重いベキ分布の場合には，式 (3.22) で与えられるように $\langle n(t) \rangle = \frac{1}{\Gamma(1+\alpha)} \frac{t^\alpha}{\tau^\alpha}$ となる．

1次元の場合，$\langle S(t) \rangle$ は，$\langle S_n \rangle \cong \sqrt{(2/\pi)n}$ という重みつきの和で記述される．ここで，演習問題 3.8 でやったように，漸近形 $\chi_n(t) \approx \frac{t}{\alpha\tau} n^{-\frac{1}{\alpha}-1} L_\alpha \left(\frac{t}{\tau n^{1/\alpha}} \right)$ を使い，和を積分で近似すれば，

$$\langle S(t) \rangle \approx \sqrt{\frac{2}{\pi}} \int_0^\infty \frac{t}{\alpha\tau} n^{-\frac{1}{\alpha}-\frac{1}{2}} L_\alpha \left(\frac{t}{\tau n^{1/\alpha}} \right) dn = \sqrt{\frac{2}{\pi}} \frac{1}{\Gamma(1+\alpha)} \left(\frac{t}{\tau} \right)^{\frac{\alpha}{2}} \tag{3.26}$$

となる（この結果は，演習問題 3.8 でやったように，t のラプラス変換をして，n に関する積分を実行し，元の時間に戻すことで簡単に得られる）．または，次の

公式を用いてもよい.

$$\int_0^\infty y^\eta L_\alpha(y)\,dy = \frac{\Gamma(1-\eta/\alpha)}{\Gamma(1-\eta)}$$

($-\infty < \eta < \alpha$, 文献 [9] を参照).

$\langle S(t) \rangle$ の時間依存性を特徴付けるベキ指数は,二つの指数の積となっていることに注意する.一つ目は,n の関数としての $\langle S_n \rangle \propto n^\gamma$ における指数 γ であり,これはランダムウォークの次元に依存する($d=3$ で $\gamma=1$ であり $d=1$ で $\gamma=1/2$).もう一つは,時間 t の関数としての $\langle n(t) \rangle$ の振る舞いを特徴付ける指数 α(次元によらずに $\langle n(t) \rangle \propto t^\alpha$)である.

同じような振る舞いが $P(\mathbf{0}, t)$ に対しても観測される.つまり,$P_n(\mathbf{0}) \propto \frac{1}{(\sqrt{2\pi\sigma^2 n})^d}$ の重み付きの和は,

$$P(\mathbf{0}, t) \propto t^{-d\alpha/2} \tag{3.27}$$

を導く.

第 10 章で考えられるいくつかのモデルにおいて,例えば,フラクタル格子上のランダムウォークでは,平均 2 乗変位 $\langle x^2(n) \rangle$ が $\langle x^2(n) \rangle \propto n^\gamma$ ($\gamma \neq 1$) のように増大するランダムウォークと遭遇する.これに対応する連続時間ランダムウォークは同様に

$$\langle x^2(t) \rangle \propto t^{\alpha\gamma} \tag{3.28}$$

のようになる.

演習問題 3.14 2 次元格子上のランダムウォークにおいて,十分に長い時刻 t までに訪れた異なる格子点の数の平均を計算せよ.ここで,$\langle S_n \rangle \cong \pi n/\ln n$ である.待ち時間の確率密度関数が指数分布である場合とベキ分布である場合を考えよ.

ヒント:タウバー型定理が有用である.また,緩慢変動関数を忘れるな!

最初の再帰時間の状況はこれまでとは異なっている.なぜならば,最初の再帰はあるステップが起きたちょうどその時間に起きるからである.これは,待っているときや以前に到着した可能性を排除している.最初の再帰時間の確率密度関数は

$$F(t, 0) = \sum_{n=0}^\infty F_n(0)\psi_n(t)$$

によって与えられる．1次元では，$F_n(0)$ は式 (2.14)，$F_n(0) = \frac{1}{\sqrt{2\pi}} n^{-3/2}$ で与えられる．$\psi_n(s) = \chi_n(s) \frac{s}{1-\psi(s)}$ であるため，小さな s に対して，$\psi_n(s) \approx \exp(-n\tau^\alpha s^\alpha)$ のように振る舞う．演習問題 3.14 の手法を繰り返せば，$F(t, 0) \propto t^{-1-\alpha/2}$ が得られる．これは，n と t に依存する指数の積とはなっていないことに注意する．

参考文献

[1] E. Montroll and G.H. Weiss. *J. Math. Phys.* **6**, 167–181 (1965)

[2] G. Arfken. *Mathematical Methods for Physicists*, Academic Press: Boston, 1985

[3] G. Doetsch. *Introduction to the Theory and Application of the Laplace Transformation*, Berlin: Springer, 1974

[4] M. Abramovitz and I.A. Stegun. *Handbook of Mathematical Functions*, New York: Dover, 1972

[5] W. Feller. *An Introduction to Probability Theory and Its Applications*, New York: Wiley, 1971（タウバー型定理は Vol. 2 の第 XIII 章 5 節で議論されている）

[6] A. Blumen, J. Klafter, and G. Zumofen. "Reactions in Disordered Media Modelled by Fractals," in: Pietronero, L., and Tosatti, E., eds., *Fractals in Physics*, Amsterdam: North-Holland, 1986, pp. 399–408

[7] H. Scher, M.F. Shlesinger, and J.T. Bendler. *Physics Today* **44** (1), 26 (1991)

[8] J.P. Bouchaud and A. Georges. *Phys. Repts.* **195**, 127–293 (1990)

[9] K.-I. Sato. *Lévy Processes and infinitely Divisible Distributions*, Cambridge: Cambridge University Press, 2002

第4章

連続時間ランダムウォークとエイジング現象

"It is as if an ox had passed through a window screen: Its head, horns, and four hooves have all passed through; why can't the tail pass through?"

(譬えば水牯牛の窓櫺を過ぐるが如く、頭角四蹄都べて過ぎ了る、甚麼に因ってか尾巴過ぐることを得ざる。／たとえるならば，牛が格子窓を通り過ぎていくとしよう．頭，角，四肢，すべて通り過ぎていった．しかし，なぜしっぽが通り過ぎていかないのだろう.)

五祖法演禅師 (Wuzu Fayan)

　第3章で見たように，待ち時間の確率密度関数がベキ的な場合の連続時間ランダムウォークにおいてジャンプ率（rate of jumps）は時間とともに減衰する．裾の重い待ち時間の確率密度関数のこの性質は，運動に関してさらに興味深い結果をもたらす．本章では，それらのいくつか（エルゴード性の破れや線形応答の破れ）を議論する．

4.1　系が年をとるとき

　これまでは，物理的な時間が系の最初のステップと同時に始まる状況を考えてきた．これは，物理的には，系が準備された直後に観測を始めたことに他ならない．まず，$t = 0$ではなく，系が準備されてから十分時間が経過した$t = t_a > 0$で，時間区間 Δt の間の平均2乗変位を観測することから始める．つまり，観測され

62   第 4 章   連続時間ランダムウォークとエイジング現象

る平均 2 乗変位は

$$\langle x^2(\Delta t)\rangle = \langle (x(t_a + \Delta t) - x(t_a))^2 \rangle \tag{4.1}$$

である．1 次元の対称で待ち時間とジャンプが独立であり，裾の重い待ち時間の確率密度関数を持つ連続時間ランダムウォークの例から始める．ランダムウォーカーは時刻 $t = 0$ で動き始めるが，観測は $t = 0$ ではなく，ある程度時間が経過した $t = t_a$ に始まる．時刻 t_a はエイジング時間（aging time）と呼ばれている．時刻 $t = t_a$ でのランダムウォーカーの位置を $x(t_a)$ とする．この時間からランダムウォーカーの軌跡を追いかけ，式 (4.1) で定義される平均 2 乗変位を計算する．式 (1.11)（または式 (3.18)）より，この平均 2 乗変位は $\langle x^2(\Delta t)\rangle = \langle l^2\rangle\langle n(\Delta t, t_a)\rangle$ となる．ここで，$n(\Delta t, t_a)$ は時刻 t_a と $t_a + \Delta t$ の間のステップ数である．$\langle n(\Delta t, t_a)\rangle = \langle n(t_a + \Delta t) - n(t_a)\rangle = \langle n(t_a + \Delta t)\rangle - \langle n(t_a)\rangle$ であるので，

$$\langle x^2(\Delta t)\rangle = \langle l^2\rangle \left[\langle n(t_a + \Delta t)\rangle - \langle n(t_a)\rangle\right]. \tag{4.2}$$

これから以下の二つの状況で，平均 2 乗変位の振る舞いが大きく異なってくることを示す．

(i) 平均待ち時間 $\langle t\rangle = \tau$ が存在する確率密度関数と

(ii) 裾の重い（平均が存在しない）待ち時間の確率密度関数

を以下で順番に考える．

(i) もし平均待ち時間 τ が存在するならば（例えば，待ち時間の確率密度関数が指数分布の場合），$\langle n(t)\rangle \cong t/\tau$ となるので（第 3 章を参照），$\langle x^2(\Delta t)\rangle \propto \langle l^2\rangle\Delta t/\tau$ となり，t_a に依存しない．これは，系は時間的に均一な振る舞いになっていることを示している．

(ii) 式 (3.19) で定義される待ち時間の確率密度関数がベキ的な場合，$\langle n(t)\rangle \propto t^\alpha$ となり（式 (3.21) を参照），$\langle x^2(\Delta t)\rangle \propto \langle l^2\rangle\left[(t_a + \Delta t)^\alpha - t_a^\alpha\right]$ となる．よって，時間 Δt の間の平均 2 乗変位は観測を始めた時刻 t_a に陽に依存している．換言すれば，観測を始めたときの系の年齢に依存している．平均 2 乗変位の漸近的な振る舞いに注目すれば，以下のような極限的な振る舞いが得られる．

- $\Delta t \gg t_a$ では，$\langle x^2(\Delta t)\rangle \propto \Delta t^\alpha$ となる．つまり，観測時間がエイジング時間よりもずっと長ければ，エイジング時間は特に重要な働きはせず，無視できる．基本的には，第 3 章の結果が再現される．

- $\Delta t \ll t_a$ では，テイラー展開により，$\langle x^2(\Delta t)\rangle \propto t_a^{\alpha-1}\Delta t$ を得る．これは非常に興味深い結果である．すなわち，もし観測時間がエイジング時間よりもずっと短ければ，本来，異常拡散を示す系で通常拡散が観測される．また，拡散係数は $t_a^{\alpha-1}$ に比例する．つまり，（$\alpha < 1$ なので）エイジング時間と共に減衰する．

この単純な議論はエイジング現象の導入としての意義をもつ．これから二つの状況が考えられる．一つはすでに議論したように初期条件からくるエイジング，もう一つは外場へ対する系の応答の振る舞いに関するものである．

演習問題 4.1　漸近的な振る舞いが $\psi(t) \sim \frac{1}{t \ln^\beta t}$（$\beta > 1$）である待ち時間の確率密度関数を持つ連続時間ランダムウォークにおいて，エイジング時間 t_a 後に観測をした平均2乗変位 $\langle x^2(\Delta t)\rangle$ を求めよ（演習問題 3.10 参照）．

4.2　前方待ち時間

エイジング時間の依存性を調べるため，観測が始まってから最初のステップを行うまでに，ランダムウォーカーはどのくらい待たなければならないか知る必要がある．いわゆる前方待ち時間（forward waiting time）の分布は他のステップ間の待ち時間分布とは異なる可能性がある．前方待ち時間の確率密度関数は，$\psi_1(t, t_a)$ と表記する．待ち時間の確率密度関数 $\psi(t)$ と t_a がわかっているとき，前方待ち時間の確率密度関数を計算しよう．第3章では，エイジング時間はゼロとなっており，この場合，$\psi_1(t, t_a) = \psi(t)$ である．まず最初に一般的な導出を行い，いかにこの結果が単純な方法で理解できるかを説明する．

n を観測が始まる時間 t_a までに起きたステップ数とすると，t_a は，$T_n = \sum_{i=1}^{n} t_n$（n 回目のステップが起きた時間）と T_{n+1} の間の時間区間に入らなければならない．T_n が与えられたならば，前方待ち時間 t の確率密度関数は，次のステップまでの実際の待ち時間が $t_a - T_n + t$ であることに注意して，簡単に求めることができる．したがって，t_a までにちょうど n 回ステップしたという条件の下での前方待ち時間 t の確率密度関数は

$$\phi_n(t) = \int_0^{t_a} \psi_n(t')\psi(t_a - t' + t)\,dt'$$

64   第4章   連続時間ランダムウォークとエイジング現象

となる．ここで，$\psi_n(t)$ は第3章で定義された T_n の確率密度関数である．$\psi_1(t, t_a)$ は，n に関する和をとり

$$\psi_1(t, t_a) = \sum_{n=0}^{\infty} \phi_n(t) = \int_0^{t_a} \left(\sum_{n=0}^{\infty} \psi_n(t') \right) \psi(t_a - t' + t) \, dt'$$

で与えられる．和 $\sum_{n=0}^{\infty} \psi_n(t') = k(t')$ は，演習問題 3.11 で定義されたジャンプ率であり，前方待ち時間の確率密度関数は

$$\psi_1(t, t_a) = \int_0^{t_a} k(t') \psi(t_a - t' + t) \, dt' \tag{4.3}$$

となる．したがって，前方待ち時間の確率密度関数は，ジャンプ率 $k(t)$ と待ち時間の確率密度関数 $\psi(y)$ との $y = t + t_a$ を変数としたたたみこみである．式 (4.3) は，これ以上単純にできないが，いくつかの場合にはさらに計算することができる．

演習問題 4.2   待ち時間の確率密度関数が指数分布 $\psi(t) = \tau^{-1} \exp\left(-t/\tau\right)$ の場合に $\psi_1(t, t_a)$ を計算せよ．この場合，$\psi_1(t, t_a)$ と $\psi(t)$ は一致する．

4.2.1   視察のパラドックス

まず始めに，平均待ち時間が存在する場合を考えよう．$k(t)$ のラプラス変換は（演習問題 3.11 を参照），

$$k(s) = \frac{1}{1 - \psi(s)}$$

となる．平均待ち時間 τ を持つ待ち時間の確率密度関数に対して，$\psi(s) = 1 - s\tau + \cdots$ となるので，$k(t)$ のラプラス変換は小さな s に対して $1/s\tau$ となる．これは，$k(t)$ が大きな t に対して一定値に収束すること，すなわち，$k(t) \to \tau^{-1}$ を意味する．したがって，十分に大きな t_a に対して，

$$\psi_1(t, t_a) = \frac{1}{\tau} \int_0^{t_a} \psi(t_a - y + t) \, dy = \frac{1}{\tau} \int_t^{t_a + t} \psi(z) \, dz = \frac{1}{\tau} \left[F(t + t_a) - F(t) \right]$$

となる．ここで，$F(t) = \int_0^t \psi(t') \, dt'$ は，待ち時間の累積分布関数である．非常に長いエイジング時間 t_a では，系は平衡化し，$F(t + t_a) \to 1$ となり，

$$\psi_1^{\mathrm{eq}}(t) = \tau^{-1} \left[1 - F(t) \right] = \tau^{-1} \Psi(t) \tag{4.4}$$

を得る．最初にステップが起きる時間の平均（平均前方待ち時間）は，この式の
ラプラス変換，

$$\psi_1^{\mathrm{eq}}(s) = \tau^{-1} \Psi(s) = \frac{1 - \psi(s)}{s\tau}$$

により得られる．待ち時間の確率密度関数 $\psi(t)$ が二つのモーメントを持つ，すな
わち，そのラプラス変換が $\psi(s) = 1 - s\tau + s^2 \langle t^2 \rangle / 2 - \cdots$ となると仮定しよう．こ
の場合，平均前方待ち時間（観測を始めてから最初にステップが起きるまでの時
間の平均値）$\langle t_f \rangle = \int_0^\infty t\psi_1^{\mathrm{eq}}(t)\, dt$ は，$\psi_1^{\mathrm{eq}}(s) = 1 - \left[\langle t^2 \rangle / 2\tau \right] s + \cdots$ の展開から
得られ，

$$\langle t_f \rangle = \langle t^2 \rangle / 2\tau$$

となる．この振る舞いをより鮮明にするために三つの例を考えよう．

　もし待ち時間 τ の周期で周期的にステップが起こるとすると，$\psi(t) = \delta(t - \tau)$
であり，平均前方待ち時間は $\langle t_f \rangle = \tau / 2$ となる．これは，まさに我々の直感と矛
盾がない．

　待ち時間の確率密度関数が指数分布の場合は，すでに演習問題 4.2 で考えた．こ
の場合，前方待ち時間の確率密度関数は，他の待ち時間の確率密度関数と同じで
ある．つまり，平均前方待ち時間は平均待ち時間 τ と同じである．

　待ち時間の確率密度関数が $\psi(t) = \left(t/\tau^2 \right) \exp\left(-t/\tau \right)$ である場合を考えよう．
ここで，平均待ち時間は 2τ である．平均前方待ち時間を計算すると，3τ となり，
これは 2τ よりも**大きい**．この結果は矛盾しているように見えるかもしれない．つ
まり，この過程では，観測は二つのイベントの**間**で始まるので，平均前方待ち時
間は 2τ より**小さい**と期待できる．これは，よく知られた確率論のパラドックスで
視察のパラドックス（inspection paradox）または待ち時間のパラドックスと呼ば
れている．

　式 (4.4) の一般的な結果が得られ，いくつかの例を挙げたので，このパラドックス
の簡単な説明をしよう．この過程はずっと以前から始まっている（$t_a \gg \tau$）ことを
思い出そう．つまり，今は平衡化された過程を考えており，過程の始まりと視察（観
測の始まり）には相関がない．したがって，視察は全くランダムに始まると仮定する
ことができる．幾何学的には（図 4.1 を参照），t 軸上に視察を始める時間を表す点
を決め，そこから次のステップが起きるまでの時間を測定することに対応している．
時間区間 t_l の中にランダムな点が入る確率は，その区間の長さ t_l に比例し（長い区
間ほど短い区間よりもサンプルされる．ここにパラドックスが生じる理由がある），

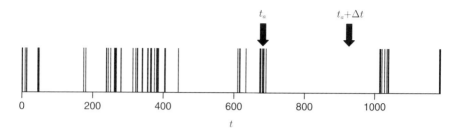

図 4.1 ベキ的な待ち時間分布を持つ連続時間ランダムウォークでのジャンプの発生(図 3.3 と同じ). 観測を始める点(エイジング時間)と終わる点を矢印で示している.

区間の長さが t_l と $t_l + dt_l$ の間になる確率にも比例するので, $p(t_l)\,dt_l \propto t_l \psi(t_l)\,dt_l$ となる. 適切に規格化すれば, $p(t_l) = t_l \psi(t_l) / \int_0^\infty t' \psi(t')\,dt' = (t_l/\tau)\,\psi(t_l)$ が得られる. 長さ t_l の区間内で, 視察が始まる時間は再びその区間内でランダムに決まる. よって, 一様分布 $w = 1/t_l$ に従って決まる. したがって, $t < t_l$ のとき, 長さ t_l の区間内での前方待ち時間 t の確率密度関数は $1/t_l$ となる. この確率密度関数を区間 t_l 上で積分すると, $\psi_1^{\text{eq}}(t) = \int_t^\infty \frac{1}{t_l}\frac{t_l}{\tau}\psi(t_l)\,dt_l = \tau^{-1}[1 - F(t)]$ が得られる. これは, まさに式 (4.4) である.

次に, 上で考えた視察のパラドックスの本質が議論できる. 次のステップの待ち時間は, (視察の時間がステップが始まる時間と一致しない限り)常に対応するステップ間の時間区間より短いが, これは調査時間が長い時間区間内で始まる確率が高いという事実によって埋め合わせされる. つまり, 最初の事実は過剰な主張になっている.

1 次モーメントは存在するが 2 次モーメントは存在しない待ち時間分布に対しては, 式 (4.4) の結果により, 平均前方待ち時間は発散する. すなわち, この前方待ち時間の確率密度関数は調査のパラドックスの極端な場合を示している. 1 次モーメントが存在しない待ち時間分布では, 式 (4.4) に基づくアプローチは正しくなく, 式 (4.3) に基づく一般的なやり方を用いなければいけない. 次に, 1 次モーメントが存在しない待ち時間の確率密度関数の場合に関する漸近的な結果を紹介する.

4.2.2 ラプラス空間における前方待ち時間の確率密度関数

時間を平行移動した待ち時間の確率密度関数 $\psi(y+t)$ の y に関するラプラス変換は,

$$\int_0^\infty \psi(y+t)e^{-uy}\,dy = e^{ut}\left[\psi(u) - \int_0^t e^{-uy}\psi(y)\,dy\right]$$

となり, $\psi_1(t,t_a)$ の 2 番目の変数 t_a に関するラプラス変換は,

$$\psi_1(t,u) = \frac{e^{ut}\left[\psi(u) - \int_0^t e^{-uy}\psi(y)\,dy\right]}{1-\psi(u)} \tag{4.5}$$

となる. ここで, 最初の変数 t に関するラプラス変換は簡単に得ることができるので, これは読者に委ねることにする.

演習問題 4.3　$\psi_1(s,u) = \int_0^\infty \int_0^\infty \psi_1(t,t_a)e^{-st}e^{-ut_a}\,dt\,dt_a$ を計算し,

$$\psi_1(s,u) = \frac{1}{1-\psi(u)}\frac{\psi(u)-\psi(s)}{s-u} \tag{4.6}$$

を示せ.

ヒント：最初に, 式 (4.5) を $\psi_1(t,u) = \frac{1}{1-\psi(u)}e^{ut}\int_t^\infty e^{-uy}\psi(y)\,dy$ と書き直し, その後, 部分積分を用いて, $\psi_1(s,u)$ を計算せよ.

演習問題 4.4　式 (4.6) を用いて, $\psi_1(t,t_a)$ が規格化条件を満たしていることを示せ.

ヒント：$s \to 0$ と極限をとり, u の逆ラプラス変換をせよ.

演習問題 4.5　以下の事実を用いれば, 式 (4.6) は式 (4.3) から直ちに得ることができる. 任意の関数 $f(t_1 + t_2)$ の t_1 と t_2 に関するラプラス変換は, $f(s,u) = \frac{f(u)-f(s)}{s-u}$ となる. この事実を示せ.

4.2.3 ベキ的な待ち時間分布

1 次モーメントが存在しないベキ的な待ち時間分布 (power law waiting time distribution) $\psi(t) \propto \tau^\alpha t^{-1-\alpha}$ の場合を考えよう (式 (3.19) 参照). この分布のラ

プラス変換は，小さな s に対して，$\psi(s) \cong 1 - \tau^\alpha s^\alpha$ で与えられる（式 (3.20) を参照）．

ここで，式 (4.5) を使って，$\psi_1(t, s)$ を計算し，$\psi_1(t, t_a)$ を得るために逆ラプラス変換を行う．最初に，式 (4.5) を

$$\psi_1(t, s) = \frac{1}{1 - \psi(s)} e^{st} \int_t^\infty e^{-sy} \psi(y) \, dy$$

$$\cong (s\tau)^{-\alpha} e^{st} \int_t^\infty e^{-sy} \frac{\alpha \tau^\alpha}{\Gamma(1-\alpha) y^{1+\alpha}} \, dy$$

のように書き直す．大きな t に対して，

$$\psi_1(t, s) = \frac{\alpha e^{st}}{\Gamma(1-\alpha)} \int_{st}^\infty e^{-z} z^{-1-\alpha} \, dz = \frac{\alpha e^{ts}}{\Gamma(1-\alpha)} \Gamma(-\alpha, st) \tag{4.7}$$

となる．ここで，$\Gamma(\beta, x)$ は不完全ガンマ関数である（文献 [1] の式 (6.4.3) を参照）．ここで，s に関する式 (4.7) の逆ラプラス変換は，次のように簡単に得られる（文献 [2] の式 (2.10.16) を参照）．

$$\psi_1(t, t_a) = \frac{\alpha}{\Gamma(1-\alpha)\Gamma(1+\alpha)} \left(\frac{t_a}{t}\right)^\alpha \frac{1}{t + t_a} = \frac{\sin \pi \alpha}{\pi} \left(\frac{t_a}{t}\right)^\alpha \frac{1}{t + t_a}. \tag{4.8}$$

最後の表現を得るために，文献 [1] の式 (6.1.15) と式 (6.1.17) を用いた．大きな t_a に対して，前方待ち時間の確率密度関数 $\psi_1(t, t_a)$ は，二つの異なる振る舞いを示す．すなわち，$t < t_a$ に対しては，$t^{-\alpha}$ というかなりゆっくりとした減衰を示し，$t > t_a$ に対しては，$\psi_1(t, t_a) \propto t^{-1-\alpha}$ という元の $\psi(t)$ と同じ減衰を示す．

4.3　ランダムウォーカーの位置の確率密度関数

さらに進んで，エイジングの効果を考慮した連続時間ランダムウォークにおける粒子の位置の確率密度関数を得るため，式 (3.8) に戻る．

$$P(x, \Delta t; t_a) = \sum_{n=0}^\infty P_n(x) \chi_n(\Delta t; t_a). \tag{4.9}$$

ここで，時間区間 Δt の間でジャンプした回数はエイジング時間 t_a に依存するということに注意しなくてはならない．$\chi_n(\Delta t; t_a)$ は，t_a から $t_a + \Delta t$ までの時間区間内でちょうど n 回ステップする確率である．フーリエ - ラプラス空間，

$P(k, s; t_a) = \int_{-\infty}^{\infty} dx \int_0^{\infty} d(\Delta t) e^{ikx} e^{-s\Delta t} P(x, \Delta t; t_a)$ では，式 (4.9) は，

$$P(k, s; t_a) = \sum_{n=0}^{\infty} \lambda^n(k) \chi_n(s; t_a) \tag{4.10}$$

となる．次の段階は，$\chi_n(s; t_a)$ を計算することである．時間区間 t_a から $t_a + \Delta t$ の間で全くステップが起きない確率である $\chi_0(\Delta t; t_a)$ は，

$$\chi_0(\Delta t, t_a) = 1 - \int_0^{\Delta t} \psi_1(t, t_a) \, dt$$

で与えられる．これは，第 3 章での $\chi_0(t) = \Psi(t)$ と同じ形である．さらに，

$$\chi_1(\Delta t, t_a) = \int_0^{\Delta t} \psi_1(t, t_a) \Psi(\Delta t - t) \, dt$$

となり，それに続く $\chi_n(\Delta t; t_a)$ もたたみこみ

$$\chi_n(\Delta t, t_a) = \int_0^{\Delta t} \left[\int_0^t \psi_1(t_1, t_a) \psi_{n-1}(t - t_1) \, dt_1 \right] \Psi(\Delta t - t) \, dt$$

によって与えられる．この式は，式 (3.6) とほとんど同じである．唯一の違いは，最初のステップの違いであり，$\psi_n(t)$ は $\psi_1(t_1, t_a)$ と $\psi_{n-1}(t)$ のたたみこみになっている．ラプラス空間では，$\chi_n(s; t_a)$ は，

$$\chi_0(s; t_a) = \frac{1 - \psi_1(s; t_a)}{s},$$

$n > 0$ に対しては，

$$\chi_n(s; t_a) = \psi_1(s; t_a) \psi^{n-1}(s) \frac{1 - \psi(s)}{s} \tag{4.11}$$

となる．

演習問題 4.6　時間区間 Δt の間に起こったステップ数の平均は，$\langle n(\Delta t; t_a) \rangle = \sum_{n=1}^{\infty} n \chi_n(\Delta t; t_a)$ で与えられる．$\langle n(\Delta t, t_a) \rangle = \langle n(t_a + \Delta t) \rangle - \langle n(t_a) \rangle$ を示せ．ここで，$\langle n(t) \rangle$ は，エイジング時間がない（通常の）ランダムウォークにおける，時刻 t までに起きたステップ数の平均である．

70　第 4 章　連続時間ランダムウォークとエイジング現象

式 (4.10) を $\chi_n(s;t_a)$ に代入すれば,

$$
\begin{aligned}
P(k,s;t_a) &= \frac{1-\psi_1(s;t_a)}{s} + \psi_1(s;t_a)\frac{1-\psi(s)}{s}\sum_{n=1}^{\infty}\lambda^n(k)\psi^{n-1}(s) \\
&= \frac{1-\psi_1(s;t_a)}{s} + \frac{1-\psi(s)}{s}\frac{\psi_1(s;t_a)}{\psi(s)}\sum_{n=1}^{\infty}\lambda^n(k)\psi^n(s) \\
&= \frac{1-\psi_1(s;t_a)}{s} + \frac{1-\psi(s)}{s}\frac{\psi_1(s;t_a)}{\psi(s)}\frac{\lambda(k)\psi(s)}{1-\lambda(k)\psi(s)} \\
&= \frac{1-\psi_1(s;t_a)}{s} + \frac{1-\psi(s)}{s}\frac{\lambda(k)\psi_1(s;t_a)}{1-\lambda(k)\psi(s)}
\end{aligned}
\tag{4.12}
$$

を得る. この式は, $\psi_1(s;t_a)$ が $\psi(t)$ と等しいときには, 式 (3.10) になる. $P(k,s;t_a)$ は, エイジングを考慮しない (通常の) 連続時間ランダムウォークの $P(k,s)$ (式 (3.10)) と

$$
P(k,s;t_a) = \frac{1-\psi_1(s;t_a)}{s} + \psi_1(s;t_a)\lambda(k)P(k,s)
\tag{4.13}
$$

を通して結びつけられる. $\psi_1(s;t_a)\lambda(k)$ は, 最初のステップにおける変位と待ち時間の同時確率密度関数 $p_1(x,t;t_a)$ のフーリエ・ラプラス変換である. したがって, 式 (4.12) は, 実空間・時間では, 次のような構造になっている.

$$
P(x,\Delta t;t_a) = \chi_0(\Delta t;t_a)\delta(x) + \int_{-\infty}^{\infty} dy \int_0^{\Delta t} dt\, p_1(y,t;t_a)P(x-y,\Delta t-t).
$$

ここで, 本章の出発点であるエイジングを考慮した連続時間ランダムウォークの 2 次モーメントの議論に戻ろう.

演習問題 4.7　平均値 τ を持つ $\psi(t)$ の場合を考える. 平衡化された状況では, 前方待ち時間の確率密度関数は, 式 (4.4) で与えられる. この場合, 小さな s に対して, $P(k,s;t_a \to \infty)$ は, 正確に式 (3.10) で与えられることを示せ.

平均 2 乗変位の振る舞いを考えよう. これは, 式 (4.12) を k に関して 2 回微分する, または, 式 (4.2) と $\langle n(t)\rangle$ を用いることで得られる. ラプラス表示を用い, $\psi_1(t,t_a)=\psi(t)$ の場合を復習する. $\langle n(t)\rangle$ は式 (3.17) で与えられるので,

$$
\langle x^2(s)\rangle = \langle l^2\rangle \frac{\psi(s)}{s[1-\psi(s)]}
$$

となる. $\psi_1(t,t_a)\neq\psi(t)$ の場合には,

$$
\langle x^2(s)\rangle = \langle l^2\rangle \frac{\psi_1(s,t_a)}{s[1-\psi(s)]}
\tag{4.14}
$$

となる．これは，前の式で分子の $\psi(s)$ を $\psi_1(s, t_a)$ へ置き換えたものである．

演習問題 4.8　式 (4.11) と演習問題 3.3 の手法を使って，式 (4.14) を導け．

式 (4.14) は，平衡化された連続時間ランダムウォークにおいて特に興味深い考察を与える．つまり，$\psi_1(s, t_a \to \infty)$ は式 (4.4) より，$\psi_1(s, t_a \to \infty) = \psi_1^{\mathrm{eq}}(s) = \frac{1-\psi(s)}{s\tau}$ となるので，$\langle x^2(s) \rangle = \langle l^2 \rangle / s^2\tau$ となり，実時間では $\langle x^2(\Delta t) \rangle = \langle l^2 \rangle \, t/\tau$ となる．この場合，平均 2 乗変位は漸近的にだけでなく，まさに観測した直後から通常拡散になる．

4.4　時間平均の揺らぎ

これまで，$\langle \Delta x^2(t) \rangle = \langle \Delta x^2(t) \rangle_{ens} = \langle (x(t) - x(0))^2 \rangle_{ens}$ のように平均としてアンサンブル平均，つまり，何度も対応する過程の試行を繰り返して得た平均を考えてきた．これは，確率論的な定義では，

$$\langle \Delta x^2(t) \rangle_{ens} = \int_{-\infty}^{\infty} (x(t) - x(0))^2 \, P(x, t) \, dx$$

となる．一方，多くの実験，特に 1 分子の軌跡を使った実験では，アンサンブル平均ではなく時間平均（moving time average）が用いられる．全体の観測時間 T での長い軌跡 $x(t)$ を用いて，時間平均は

$$\langle \Delta x^2(t) \rangle_T = \frac{1}{T-t} \int_0^{T-t} (x(t+\tau) - x(\tau))^2 \, d\tau$$

で定義される．通常拡散では，T が十分に大きければ，$\langle \Delta x^2(t) \rangle_{ens} = \langle \Delta x^2(t) \rangle_T$ となる．この性質は，エルゴード性と呼ばれている．式 (3.19) や演習問題 3.10 で出てきた平均待ち時間が発散する場合の連続時間ランダムウォークでは，これはもはや成立しない．待ち時間の確率密度関数が式 (3.19) で与えられる連続時間ランダムウォークの数値計算の結果が図 4.2 に示されている．このような待ち時間分布を数値的に生成するアルゴリズムは，第 7 章で議論される．

図 4.2 から得られる結論は以下である．第 3 章で議論したように，アンサンブル平均による平均 2 乗変位，$\langle \Delta x^2(t) \rangle_{ens}$ はベキ的な振る舞い $\langle \Delta x^2(t) \rangle \propto t^\alpha$ を示すが，異なる軌跡から得られる時間平均による平均 2 乗変位 $\langle \Delta x^2(t) \rangle_T$ は，非常に異なった振る舞いを示す．それぞれの軌跡に対する $\langle \Delta x^2(t) \rangle_T$ の時間 t の関数

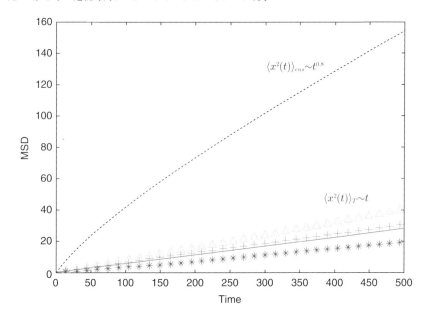

図 4.2 待ち時間の確率密度関数が $\psi(t) \propto t^{-1.8}$ となる連続時間ランダムウォークにおけるアンサンブル平均による平均 2 乗変位(上側の曲線)と三つの異なる軌跡から得られた時間平均による平均 2 乗変位(直線は時間平均による平均 2 乗変位のアンサンブル平均である [3]).

としての振る舞いは,通常の拡散と同じようにおおよそ線形になっている.しかしながら,その拡散係数は非常に異なっている.アンサンブル平均と時間平均の相違は,非エルゴード的な性質を示している.

非エルゴード性を理解するため,時間平均による平均 2 乗変位に対して,さらにたくさんの軌跡から得られるアンサンブル平均を考えることが有益である.二つの平均 $\langle \cdots \rangle_{ens}$ と $\langle \cdots \rangle_T$ の平均の手続きは,異なる変数 x と t に対する独立な積分であるので,それらは交換可能であり,

$$\left\langle \left\langle \Delta x^2(t) \right\rangle_T \right\rangle_{ens} = \left\langle \left\langle \Delta x^2(t) \right\rangle_{ens} \right\rangle_T$$
$$= \frac{1}{T-t} \int_0^{T-t} \left\langle (x(t+\tau) - x(\tau))^2 \right\rangle_{ens} d\tau$$

となる.ここで,式 (4.2) の結果を用いると,$\langle (x(t+\tau) - x(\tau))^2 \rangle_{ens} = \langle l^2 \rangle \langle \langle n(t+$

$\tau)\rangle - \langle n(t)\rangle)$ となる. さらに, 式 (3.22) より $\langle n(t)\rangle = \frac{1}{\Gamma(1+\alpha)}\frac{t^\alpha}{\tau^\alpha}$ となるので,

$$\langle\langle\Delta x^2(t)\rangle_T\rangle_{ens} = \frac{1}{\Gamma(1+\alpha)}\frac{\langle l^2\rangle}{\tau^\alpha}\frac{1}{T-t}\int_0^{T-t}\left[(t+\tau)^\alpha - \tau^\alpha\right]d\tau$$

となる. ここで, $t \ll T$ という近似を用いれば,

$$\langle\langle\Delta x^2(t)\rangle_T\rangle_{ens} = 2K_\alpha\frac{t}{T^{1-\alpha}}$$

が得られる. 係数 $\frac{1}{2\Gamma(1+\alpha)}\frac{\langle l^2\rangle}{\tau^\alpha}$ は式 (3.23) の一般化された拡散係数 K_α と同一である. このような二つの平均をとった平均 2 乗変位は通常拡散 $\langle\langle\Delta x^2(t)\rangle_T\rangle_{ens} = 2D_{eff}t$ のように見えるが, その実効的な拡散係数は測定時間（軌跡の長さ）T に陽に依存する. D_{eff} が測定時間に依存する, つまり, T の増大とともに D_{eff} は減衰するということが, $\alpha < 1$ での遅い拡散の性質を表している. D_{eff} の T 依存性は $\alpha = 1$（通常拡散）のときにだけ消え, このときエルゴード性が回復する.

演習問題 4.9 待ち時間の確率密度関数が $\psi(t) \sim \frac{1}{t\ln^\beta t}$（$\beta > 1$）で与えられる演習問題 3.10 で行った連続時間ランダムウォークに戻る. 二つの平均をとった平均 2 乗変位 $\langle\langle\Delta x^2(t)\rangle_T\rangle_{ens}$ が $\langle\langle\Delta x^2(t)\rangle_T\rangle_{ens} \sim \frac{\ln^{\beta-1}(T)}{T}t$ のように振る舞うことを示せ.

第 3 章で議論したように, いくつかの場合, 例えば, フラクタル格子上のランダムウォークでは, 平均 2 乗変位 $\langle x^2(n)\rangle$ はステップ数の関数として線形ではなく, $\langle x^2(n)\rangle \propto n^\gamma$ のように増大する（$\gamma \neq 1$）. このような構造上での連続時間ランダムウォークでは, 上述の非エルゴード性は再び現れる. アンサンブル平均は $\langle x^2(t)\rangle \propto t^{\alpha\gamma}$ のように振る舞うが, 二つの平均（アンサンブル平均と時間平均）をとった平均 2 乗変位は異なる振る舞いを示す.

　この二つの平均 $\langle x^2(n)\rangle \propto \langle\langle((n(t_a + \Delta t) - n(t_a))^\gamma\rangle_{ens}\rangle_T$ の計算を次のように進める. 与えられた t_a に対して, このアンサンブル平均は系が時刻 t_a まで経過した連続時間ランダムウォークのステップ数のベキ乗の平均 $\langle n^\gamma(\Delta t; t_a)\rangle$ に対応している. これまで考えてきた系では, $\gamma = 1$ であり, この線形性が使われてきた.

　t_w をエイジング時間が t_a である連続時間ランダムウォークの最初のステップに対する前方待ち時間とする. 平均 $\langle n^\gamma(\Delta t; t_a)\rangle_{ens}$ に寄与するステップ数 n は, （もし t_a から $t_a + \Delta t$ の区間内でステップが起きたなら）最初のステップから $t_a + \Delta t$

74　第4章　連続時間ランダムウォークとエイジング現象

までの時間区間 $t' = \Delta t - t_w$ で起きたステップ数に等しい．したがって，

$$\langle n^\gamma(\Delta t; t_a)\rangle_{ens} = \int_0^{\Delta t} \langle n^\gamma(\Delta t - t_w)\rangle_{ens}\, \psi_1(t_w; t_a)\, dt_w. \tag{4.15}$$

ここで，$\psi_1(t_w; t_a)$ は式 (4.8) で与えられる．アンサンブル平均 $\langle n^\gamma(t)\rangle$ は，第3章で使った手法により，次のように得ることができる（式 (3.26) を参照）．

$$\langle n^\gamma(t)\rangle \approx \int_0^\infty \frac{t}{\alpha\tau} n^{-\frac{1}{\alpha}-1+\gamma} L_\alpha\left(\frac{t}{\tau\, n^{1/\alpha}}\right) dn = \left(\frac{t}{\tau}\right)^{\alpha\gamma} \frac{\Gamma(1-\gamma)}{\Gamma(1-\alpha\gamma)}.$$

次に，式 (4.15) における t_w の積分を実行する．今は $\Delta t \ll t_a$ の振る舞いに注目しているので，$\psi_1(t_w; t_a) = \frac{\sin(\pi\alpha)}{\pi} \frac{t_a^{\alpha-1}}{t_w^\alpha}$ という近似を用いることができる．よって，

$$\langle n^\gamma(\Delta t; t_a)\rangle_{ens} \approx \frac{\sin(\pi\alpha)}{\pi} \frac{\Gamma(1-\gamma)}{\Gamma(1-\alpha\gamma)} \frac{t_a^{\alpha-1}}{\tau^{\alpha\gamma}} \int_0^{\Delta t} (\Delta t - t_w)^{\alpha\gamma}\, t_w^{-\alpha}\, dt_w.$$

対応する積分は，二つのベキ関数のたたみこみであり，ラプラス変換をして，タウバー型定理を次のように適用できる．

$$\langle n^\gamma(\Delta t; t_a)\rangle_{ens} \approx const \cdot \frac{t_a^{\alpha-1}}{\tau^{\alpha\gamma}} \Delta t^{1-\alpha(1-\gamma)}.$$

$\gamma = 1$ のとき，以前に得た結果

$$\langle n^\gamma(\Delta t; t)\rangle_{ens} \approx const \cdot \frac{t^{\alpha-1}}{\tau^\alpha} \Delta t^1$$

に戻る．最後に，t_a に関する時間平均を行うと次のようになる．

$$\langle\langle (n(t+\Delta t) - n(t))^\gamma\rangle_{ens}\rangle_T = \frac{1}{T} \int_0^T \langle n^\gamma(\Delta t; t)\rangle_{ens}\, dt$$

$$\approx const \cdot \frac{\Delta t^{1-\alpha(1-\gamma)}}{\tau^{\alpha\gamma}} \frac{1}{T} \int_0^T t^{\alpha-1}\, dt \propto \frac{\Delta t^{1-\alpha(1-\gamma)}}{\tau^{\alpha\gamma} T^{1-\alpha}}.$$

よって，平均2乗変位は平均ステップ数と同じ振る舞いである．

4.5　時間依存した外場への応答

　エイジングのもう一つの側面，つまり，外場に対する系の線形応答の中に見られるエイジングを考えよう [4]．これも平均ステップ数の振る舞いの議論を通して取り扱うことができる．

時間変化する外場 $f(t)$ に対する系の応答を考えよう（簡単のため，1 次元の状況のみを考える）．ここで，境界のない空間的に一様な無限系を考える．外場は待ち時間に影響を与えないが，ジャンプするときのジャンプの向きにバイアスをかけると仮定する [1]．時刻 t でジャンプしたときの変位の平均値はその瞬間の外場 $\overline{\Delta x} = \mu f(t)$ に比例する．ここで，時間区間 t と $t + dt$ の間での変位のアンサンブル平均 $d\bar{x}$ を考えよう．dt を小さく選べば，$k(t)\, dt = \frac{d\langle n(t)\rangle}{dt}\, dt$ は，時間区間 t と $t + dt$ の間にステップが起きる確率，または，そのようなステップが実現する割合と正確に一致する（dt をとても小さく選んでいるため，この時間区間では 1 回だけステップが起きるか 1 回も起きないかのどちらかであることに注意）．したがって，時間幅 dt の間での平均変位は $d\bar{x} = \mu f(t)k(t)\, dt$ となる．これから，時刻 t での平均速度は $\bar{v}(t) = \mu f(t)k(t)$ となる．平均速度と外場の瞬間値を結びつける実効的な移動度を見ると，それは $\mu k(t)$ に比例していることがわかる．ベキ的な待ち時間分布 $\psi(t) \propto t^{-1-\alpha}$ を持つ連続時間ランダムウォークでは，これは $t^{\alpha-1}$ で減衰する．つまり，同じ外場であってもその応答は時間とともに小さくなっていく．この効果は "線形応答の死（death of linear response）" と呼ばれている [5].

平均速度を積分すれば，全体の変位 $\overline{x(t)} = \int_0^t \mu f(t')k(t')\, dt'$ が得られる．$k(t)$ は時間とともに減衰するので，この変位の大部分は初期の外場の値，つまり，系が準備された時刻 $t = 0$ での振る舞いで決まり，時間が経過した後の外場の振る舞いにはほとんど影響されない．この影響は，エイジングを示す系において "フロイトメモリー" と呼ばれている．$\overline{v(t)}$ と $\overline{x(t)}$ の振る舞いが図 4.3 に示されている．

参考文献

[1] M. Abramovitz and I.A. Stegun. *Handbook of Mathematical Functions*, New York: Dover, 1972

[2] F. Oberhettinger and L. Badii. *Tables of Laplace Transforms*, Berlin: Springer, 1973

[3] A. Lubelski, I.M. Sokolov, and J. Klafter. *Phys. Rev. Lett.* **100**, 250602 (2008)

---

[1] この仮定は，実際に正しいことがある．例えば，くし状モデルで，外場が背骨の方向と平行にかかっている状況である．この場合，外場はくしとくしの間の運動に影響を与えない．つまり，待ち時間は変わらない．また，トラップモデル（演習問題 3.9）でも，最初のオーダーとしては正しい．

76　第 4 章　連続時間ランダムウォークとエイジング現象

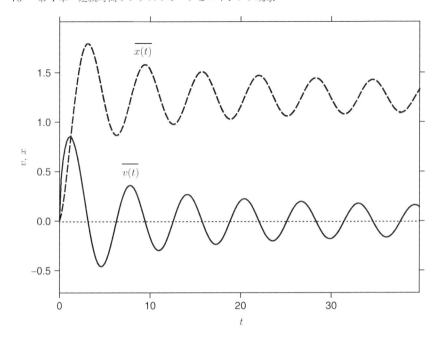

図 4.3　正弦波関数の外場のある連続時間ランダムウォークの応答．$\overline{v(t)}$ は，ゼロの周りを振動しながら減衰していくが（"線形応答の死"），$\overline{x(t)}$ はゼロでない一定値の周りで振動している．この大部分は系が若いときに得たものである（"フロイトメモリー"）．

[4]　I.M. Sokolov, A. Blumen, and J. Klafter. *Physica A* **302**, 268 (2001)
[5]　I.M. Sokolov and J. Klafter. *Phys. Rev. Lett.* **97**, 140602 (2006)

さらなる参考書

W. Feller. *An Introduction to Probability Theory and Its Applications*, New York: Wiley, 1971 （対応する内容は Vol. 2 の第 VI 章と第 XIV 章にある）

D.R. Cox. *Renewal Theory*, New York: Wiley, 1962

第5章

マスター方程式

"All changes in nature are such that inasmuch is taken from one place insomuch is added to another." （自然における変化はすべて，ある場所から除かれたり，別の場所に追加したりする程度のものである.）

Mikhail Lomonosov （ミハイル・ロモノーソフ）

第1章やそれ以降に行われてきたランダムウォークの確率論的なアプローチは，時刻 t でのランダムウォーカーの位置の確率密度関数を直ちに導いた．この確率密度関数より，初通過確率や再帰確率などの他の多くの結果を得ることができた．しかし，このアプローチは系の空間的な均一性（4.5節での議論以外）やステップの大きさ分布が時間に依存しないという仮定を頼りにしていた．したがって，外場のない均一な系を扱うときには，このアプローチは適切である（よくても外場が時間や位置に依存しない場合）．時空間的な均一性は，フーリエ - ラプラス表現を可能にし，連続時間ランダムウォークの場合には，再帰的な積分方程式は，単純な代数方程式の形になる．このような均質な状況は多く見られるが，全ての場合を埋め尽くしているわけではない．空間的な均質性が成立しない状況を記述する道具を開発することが本章の目的である．ここでのアプローチは，ある場所（ランダムウォークでは格子点 $\mathbf{r}$，連続な系では $\mathbf{r}$ の周りの微小領域 dv）で粒子を発見する確率を記述するマスター方程式を基礎におく．ここでの描像はこれまでの見方とは異なったものになっている．つまり，これまではランダムウォーカーの動きに注目し，$P(\mathbf{r},t)$ を時刻 t で格子点 $\mathbf{r}$ にランダムウォーカーがいる確率と解釈してきたが，ここでは，格子点に注目し，$P(\mathbf{r},t)$ を格子点がランダムウォーカー

に占有されている確率と考える.

格子上の通常の拡散に対するマスター方程式（master equation）の標準的な形は次のようになる [1].

$$\frac{d}{dt}P(\mathbf{r},t) = \frac{1}{\tau}\sum_{\mathbf{r}'}[p(\mathbf{r},\mathbf{r}')P(\mathbf{r}',t) - p(\mathbf{r}',\mathbf{r})P(\mathbf{r},t)]. \tag{5.1}$$

ここで, $\frac{p(\mathbf{r},\mathbf{r}')}{\tau}$ は, $\mathbf{r}'$ から $\mathbf{r}$ へのジャンプ率である. 確率の保存, $\sum_{\mathbf{r}'}p(\mathbf{r}',\mathbf{r}) = 1$ より式 (5.1) は,

$$\frac{d}{dt}P(\mathbf{r},t) = -\frac{1}{\tau}P(\mathbf{r},t) + \frac{1}{\tau}\sum_{\mathbf{r}'}p(\mathbf{r},\mathbf{r}')P(\mathbf{r},t) \tag{5.2}$$

となる. ここで示した式 (5.1) は, 待ち時間分布が指数分布の場合のみ正しい. 待ち時間分布 $\psi(t)$ が指数分布ではないとき, 対応するマスター方程式は,

$$\frac{d}{dt}P(\mathbf{r},t) = \int_0^t dt'\sum_{\mathbf{r}'}[p(\mathbf{r},\mathbf{r}',t-t')P(\mathbf{r}',t') - p(\mathbf{r}',\mathbf{r},t-t')P(\mathbf{r},t')] \tag{5.3}$$

のようになる. この積分微分方程式は, **一般化されたマスター方程式**（generalized master equation）[1] と呼ばれている. 多くの場合, 第 3 章で取り扱ったように, 待ち時間とジャンプは無相関である. このときには, 遷移確率 $p(\mathbf{r},\mathbf{r}',t)$ も位置にだけ依存する関数と時間にだけ依存する関数の積, つまり, $p(\mathbf{r},\mathbf{r}',t) = \phi(t)p(\mathbf{r},\mathbf{r}')$ で記述される. 式 (5.1) は, ちょうど $\phi(t) = \frac{1}{\tau}\delta(t)$ になっている場合に対応している.

以下, どのような条件の下で一般化されたマスター方程式が連続時間ランダムウォークを記述できるか議論し, 連続時間ランダムウォークのスキームで一般化されたマスター方程式を直ちに導く.

連続時間ランダムウォークにおいて, 格子点 $\mathbf{r}$ にいる確率のラプラス変換と単純なランダムウォークの母関数の間の関係を与える式 (3.13) で要約したように, 第 2 章と第 3 章での議論を組み合わせ, 格子上の連続時間ランダムウォークのいくつかの重要な結果を次のようにまとめよう.

$$P(\mathbf{r},s) = \frac{1-\psi(s)}{s}P(\mathbf{r};z=\psi(s)).$$

式 (5.3) は, 位置と時間に関して相関のない遷移確率を用いて,

$$\frac{d}{dt}P(\mathbf{r},t) = \int_0^t dt'\phi(t-t')\left[-P(\mathbf{r},t') + \sum_{\mathbf{r}'}p(\mathbf{r},\mathbf{r}')P(\mathbf{r}',t')\right] \tag{5.4}$$

と書き直すことができる．この方程式のラプラス変換を考えると（たたみこみの形になっている），

$$sP(\mathbf{r}, s) - P(\mathbf{r}, t = 0) = \phi(s) \left[-P(\mathbf{r}, s) + \sum_{\mathbf{r}'} p(\mathbf{r}, \mathbf{r}') P(\mathbf{r}', s) \right] \qquad (5.5)$$

が得られる．ここで，$P(\mathbf{r}, t = 0) = \delta_{\mathbf{r}, \mathbf{0}}$ が初期条件である．式 (5.5) の項を整理すると，

$$(s + \phi(s)) P(\mathbf{r}, s) - \delta_{\mathbf{r}, \mathbf{0}} = \frac{\phi(s)}{s + \phi(s)} \sum_{\mathbf{r}'} p(\mathbf{r}, \mathbf{r}')[s + \phi(s)] P(\mathbf{r}', s) \qquad (5.6)$$

が得られる．遷移確率が並進移動に関して不変な場合，$p(\mathbf{r}, \mathbf{r}') = p(\mathbf{r} - \mathbf{r}')$，母関数 $P(\mathbf{r}, z)$ は式 (2.6)，

$$P(\mathbf{r}, z) - z \sum_{\mathbf{r}'} p(\mathbf{r} - \mathbf{r}') P(\mathbf{r}', z) = \delta_{\mathbf{r}, \mathbf{0}}$$

を満たすことを思い出そう．今，これと式 (5.6) とを比較する．特に，z と $\psi(s)$ を同一であるとし，$z = \psi(s) = \frac{\phi(s)}{s + \phi(s)}$ によって定義する．これは連続時間ランダムウォークと一般化されたマスター方程式の同値性を示している．実際に，$\phi(s) = s \frac{\psi(s)}{1 - \psi(s)}$ より，$(s + \phi(s)) P(\mathbf{r}, s) = P(\mathbf{r}; z = \psi(s))$ となる．関数

$$M(s) = \frac{\psi(s)}{1 - \psi(s)} \qquad (5.7)$$

は，第 4 章で議論したようにステップ率と関係しており，今後，たびたび現れる．

演習問題 5.1　$\psi(t) = \frac{1}{\tau} e^{-t/\tau}$ のときの連続時間ランダムウォークは，$\phi(t) = \frac{1}{\tau} \delta(t)$ となる一般化されたマスター方程式，つまり，通常のマスター方程式である式 (5.1) で記述されることを示せ．

以下，式 (5.5) の一般化されたマスター方程式におけるカーネル $\phi(t)$ は，メモリーカーネルと呼ぶ．なぜなら，式 (5.5) は，時刻 t でのランダムウォーカーの位置の確率密度関数の時間発展とそれ以前の確率密度関数を結びつけているからである．この方程式で記述される連続時間ランダムウォークの過程は，実際的には記憶がない．すなわち，待ち時間とステップの長さは独立であり，この過程はステップ数（内部時間）n を考えた場合にはマルコフ過程である（よって，記憶がない）．

80　第5章　マスター方程式

しかし，待ち時間分布が指数分布ではないときにはいつでも（第4章の視察のパラドックスで見たように）ある種の"記憶"が現れる．このような過程は，更新過程，もしくは，セミマルコフ過程と呼ばれる．

5.1　一般化されたマスター方程式の発見的な導出

　一般化されたマスター方程式によるアプローチを明確にし，これまでの章で使われてきたアプローチとどのような対応があるかを見るために，時空間において均一であり，待ち時間とステップの長さに相関のないランダムウォークを考え，マスター方程式を発見的な方法で導出する（文献 [2] やそこに記載されている文献を参照）．待ち時間確率密度関数 $\psi(t)$ は，すべての格子点で同じものと仮定する．遷移確率は，格子点間の距離にのみ依存し（$p(\mathbf{r}, \mathbf{r}') = p(\mathbf{r} - \mathbf{r}')$），時間には依存しない．これらは，上述の議論の中の仮定と正確に同じである．

　ランダムウォーカーが格子点 $\mathbf{r}$ にいて，時刻 t と $t + dt$ の間でまさにジャンプしようとしている状況を考える（図 5.1 参照）．このマスター方程式は，格子点間での粒子のジャンプに対する確率の釣り合いの式である．$P(\mathbf{r}, t)$ を粒子が格子点 $\mathbf{r}$ に時刻 t でいる確率とする．状態 $\mathbf{r}$ に対する釣り合いの式は，

$$\frac{dP(\mathbf{r}, t)}{dt} = j^+(\mathbf{r}, t) - j^-(\mathbf{r}, t) \tag{5.8}$$

となる．ここで，$j^\pm(\mathbf{r}, t)$ は単位時間あたりの格子点 $\mathbf{r}$ での確率の増加と減少を表している．

　今，t と $t + dt$ の間の時間で格子点 $\mathbf{r}$ から（確率 $j^-(\mathbf{r}, t)\,dt$ で）離れようとしている粒子を考えよう．この粒子は，初めから（すなわち，時刻 $t = 0$ から）$\mathbf{r}$ にいたか，ある時刻 $t', 0 < t' < t$ に位置 $\mathbf{r}$ に到着したかのどちらかである．前者の場合，t と $t + dt$ の間の時間で格子点を離れる確率は，$\psi(t)\,dt$ である．このような粒子の集まりからくる損失確率の全体は $\psi(t)P(\mathbf{r}, 0)\,dt$ となる．ここで，$P(\mathbf{r}, 0)$ は，時刻 $t = 0$ で位置 $\mathbf{r}$ にいる確率である．後者の場合，粒子がどこから来たかは重要ではない．なぜならば，粒子がどのようなステップで到着したかという記憶は消し去られているからである（セミマルコフ性）．そして，時刻 t と $t + dt$ の間でその格子点を去る確率は，$\psi(t - t')\,dt$ で与えられる．時刻 t' と $t' + dt'$ の間である格子点に到着する確率は $j^+(\mathbf{r}, t')\,dt'$ で与えられるので，時刻 t の損失は，到着時刻 t' で積分することにより，

5.1 一般化されたマスター方程式の発見的な導出　81

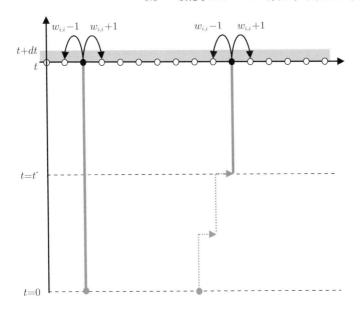

図 5.1 我々のアプローチの例として，時刻 t と $t+dt$ でジャンプしようとしている粒子の 1 次元での軌跡を示している．左の粒子は，系が始まったときにいた場所と同じところにいる．右の粒子は，異なる位置からスタートし，時刻 $0 < t' < t$ で現在の位置に到着した．

$$j^-(\mathbf{r},t) = \psi(t)P(\mathbf{r},0) + \int_0^t \psi(t-t')j^+(\mathbf{r},t')\,dt'$$

で与えられることがわかる．式 (5.8) を使えば，$j^+(\mathbf{r},t)$ を $j^-(\mathbf{r},t)$ と $P(\mathbf{r},t)$ によって書くことができ，同じ格子点 $\mathbf{r}$ での $j^-(\mathbf{r},t)$ と $P(\mathbf{r},t)$ を結ぶ積分方程式が次のように得られる．

$$j^-(\mathbf{r},t) = \psi(t)P(\mathbf{r},0) + \int_0^t \psi(t-t')\left[\frac{dP(\mathbf{r},t')}{dt'} + j^-(\mathbf{r},t')\right]dt'. \quad (5.9)$$

式 (5.9) により，$j^-(\mathbf{r},t)$ を $P(\mathbf{r},t)$ で表現することができる．ラプラス変換において，$L\left\{\frac{dP(\mathbf{r},t')}{dt'}\right\} = s\tilde{P}(\mathbf{r},s) - P(\mathbf{r},t=0)$ となることに注意する．ここで，ティルダ ($\sim$) は，$P(\mathbf{r},t)$ のラプラス変換されたもの $\tilde{P}(\mathbf{r},s)$ であることに注意する．なぜならば，$\tilde{P}(\mathbf{r},s)$ はラプラス変換されていない初期条件 $P(\mathbf{r},0)$ と同じ式の中にあるからである．これより，

$$j^-(\mathbf{r},s) = \psi(s)P(\mathbf{r},0) + \psi(s)\left[s\tilde{P}(\mathbf{r},s) - P(r,0) + j^-(\mathbf{r},s)\right]$$

82　第5章　マスター方程式

が得られる．さらに，

$$j^-(\mathbf{r}, s) = s\frac{\psi(s)}{1 - \psi(s)}\tilde{P}(\mathbf{r}, s) = sM(s)\tilde{P}(\mathbf{r}, s)$$

が直ちに得られる．$M(s)$ は式 (5.7) で与えられる．上の方程式は，$j^-(\mathbf{r}, t)$ と $P(\mathbf{r}, t)$ を結びつけており，初期条件 $P(\mathbf{r}, 0)$ は陽に含まれていない．実時間に戻すと，$j^-(\mathbf{r}, t)$ は，関数 $P(\mathbf{r}, t)$ に作用する積分演算子 $\hat{\Phi}$ を使って，次のように記述される．

$$j^-(\mathbf{r}, t) = \hat{\Phi}P(\mathbf{r}, t) = \frac{d}{dt}\int_0^t M(t - t')P(\mathbf{r}, t')\, dt'. \tag{5.10}$$

ここで，積分カーネル $M(t)$ は $M(s)$ の逆ラプラス変換である．このカーネル $M(t)$ は明確な物理的な意味を持っている．

演習問題 5.2　　指数待ち時間分布 $\psi(t) = \tau^{-1}\exp(-t/\tau)$ のとき，メモリーカーネル $M(t)$ を求めよ．

演習問題 5.3　　ベキ的な待ち時間分布 $\psi(t) \propto t^{-1-\alpha}$ のとき，メモリーカーネル $M(t)$ の大きな t での漸近的な振る舞いを求めよ．

$$M(s) = \frac{\psi(s)}{1 - \psi(s)} = \psi(s) + \psi^2(s) + \cdots + \psi^n(s) + \cdots$$

となることに注意すれば，これは $\psi(t)$ 自身の多重のたたみこみとなっている．つまり，$M(t) = \psi(t) + \psi(t)^*\psi(t) + \cdots + \psi(t)^*\psi(t)^*\cdots^*\psi(t) + \cdots$ である．したがって，各ステップでの密度を表しており，$M(t)\, dt$ は，時間区間 $[t, t + dt]$ での粒子がジャンプする確率である．これは，ステップ率 $k(t)$ とは $t = 0$ を含まない点だけ異なっている．

　異なる格子点間のジャンプの確率保存に注目しよう．この条件は，格子点 $\mathbf{r}$ において増えた確率とその近傍の減った確率とを結びつける．つまり，

$$j^+(\mathbf{r}, t) = \sum_{\mathbf{r}'} p(\mathbf{r}, \mathbf{r}')j^-(\mathbf{r}', t). \tag{5.11}$$

ここで，和は格子点 $\mathbf{r}$ に遷移することが可能な全ての格子点でとる．規格化条件より，$\sum_{\mathbf{r}'} p(\mathbf{r}, \mathbf{r}') = 1$ となる．式 (5.11) を式 (5.8) へ代入すると，

$$\frac{dP(\mathbf{r}, t)}{dt} = \sum_{\mathbf{r}'} p(\mathbf{r}, \mathbf{r}')j^-(\mathbf{r}', t) - j^-(\mathbf{r}, t) \tag{5.12}$$

が得られる．確率 $P(\mathbf{r}, t)$ の損失を表す式 (5.10) を用いると，一般化されたマスター方程式を記述する最終的な結果

$$\frac{dP(\mathbf{r}, t)}{dt} = \sum_{\mathbf{r}'} p(\mathbf{r}, \mathbf{r}') \frac{d}{dt} \int_0^t M(t - t') P(\mathbf{r}', t')\, dt' - \frac{d}{dt} \int_0^t M(t - t') P(\mathbf{r}, t')\, dt'$$

(5.13)

が得られる．メモリーカーネルが一定 $M(t) = 1/\tau$ である一般化されたマスター方程式（指数待ち時間分布に対応；演習問題 5.2 を参照）は，特に簡単な形になる．つまり，

$$\frac{dP(\mathbf{r}, t)}{dt} = \frac{1}{\tau} \left[\sum_{\mathbf{r}} p(\mathbf{r}, \mathbf{r}') P(\mathbf{r}', t') - P(\mathbf{r}, t') \right].$$

(5.14)

これは，普通の（パウリ）マスター方程式である．

遷移確率 w_{ij} が時間に依存しない場合，格子点に関する和と t に関する和の順番を入れ替えることができ，一般化されたマスター方程式はもっと簡単な形になる．つまり，

$$\frac{dP(\mathbf{r}, t)}{dt} = \frac{d}{dt} \int_0^t dt'\, M(t - t') \left[\sum_{\mathbf{r}'} p(\mathbf{r}, \mathbf{r}') P(\mathbf{r}', t') - P(\mathbf{r}, t') \right].$$

(5.15)

すぐに確認できることだが，もし $\phi(t) = \frac{d}{dt} M(t) + M(0) \delta(t)$ ならば，式 (5.15) は式 (5.4) と等価である．

5.1.1　格子のないランダムウォークのマスター方程式

格子の存在を仮定しないで，より一般的な場合の確率の釣り合いの方程式を得ることができる．格子点を考える代わりに，空間をサイズ dv（1 次元では dx，2 次元では $dxdy$，3 次元では $dxdydz$）の区画に細分化し，対応する区画に粒子がいる確率を $P(\mathbf{r}, t)\, dv$ と表記する．そこでの釣り合いの式

$$\frac{dP(\mathbf{r}, t)}{dt} = j^+(\mathbf{r}, t) - j^-(\mathbf{r}, t)$$

やその直接の結果

$$j^-(\mathbf{r}, t) = \frac{d}{dt} \int_0^t M(t - t') P(\mathbf{r}, t')\, dt'$$

は，格子がない状況でも正しいことに注意する．$p(\mathbf{r}, \mathbf{r}')\, dvdv'$ を対応する二つの区画の間の遷移確率と仮定すると（均一な場合，これはジャンプの長さにのみ依

存する．つまり，$p(\mathbf{r}, \mathbf{r}') = \lambda(\mathbf{r} - \mathbf{r}'))$，利得流れは

$$j^+(\mathbf{r}, t) = \int_\Omega j^-(\mathbf{r}', t)\lambda(\mathbf{r} - \mathbf{r}') \, d\mathbf{r}'$$

となる．ここで，（位置 $\mathbf{r}$ の近傍の無限小の領域 dv を除いて）積分は系全体で行われる．よって，全体での釣り合いの式は，

$$\frac{dP(\mathbf{r}, t)}{dt} = \frac{d}{dt}\int_0^t dt' \int_V M(t - t')p(\mathbf{r}, \mathbf{r}')P(\mathbf{r}', t') \, d\mathbf{r}'$$
$$- \frac{d}{dt}\int_0^t M(t - t')p(\mathbf{r}, t') \, dt'$$

となる（ここで排除された無限小の大きさは無視している）．ここで，待ち時間分布は位置とは独立でジャンプの長さは時間と独立であると仮定すると，方程式は

$$\frac{dP(\mathbf{r}, t)}{dt} = \frac{d}{dt}\int_0^t dt' \, M(t - t') \int_V P(\mathbf{r}', t')[p(\mathbf{r}, \mathbf{r}') - \delta(\mathbf{r} - \mathbf{r}')] \, d\mathbf{r}' \qquad (5.16)$$

のように書き直すことができる．ここで，（位置に関しての積分を含まない）第 2 項に δ 関数を用いて，第 1 項に含めている．遷移確率が距離 $\mathbf{r} - \mathbf{r}'$ にのみ依存する場合，方程式は

$$\frac{dP(\mathbf{r}, t)}{dt} = \frac{d}{dt}\int_0^t dt' \, M(t - t') \int_V P(\mathbf{r}', t')\left[\lambda(\mathbf{r} - \mathbf{r}') - \delta(\mathbf{r} - \mathbf{r}')\right] \, d\mathbf{r}' \qquad (5.17)$$

となる．

演習問題 5.4　フーリエ・ラプラス空間における式 (5.17) の解は，$P(\mathbf{k}, s) = \frac{1 - \psi(s)}{s}\frac{1}{1 - \psi(s)\lambda(\mathbf{k})}$ となること，つまり，ランダムウォークのプロパゲータとなることを示せ．

5.2　時間依存する遷移確率に関する注意

マスター方程式によるアプローチは万能であり，時間依存する遷移確率を有するものや格子点ごとに待ち時間が変化するなどの多くの異なる状況に一般化することができる．我々が考えてきた格子モデルに戻ろう．時間依存する外場が待ち時間分布を変化させず，ジャンプ方向のみにバイアスをかける（$p(\mathbf{r}, \mathbf{r}', t)$ が変化する）場合，格子点間の遷移の釣り合いの方程式である式 (5.11) にのみ影響を与

える. 一方, 位置に依存する待ち時間分布 $\psi_\mathbf{r}(t)$ を考えるとき（これは, 温度勾配のある遅い拡散を示す媒質や異なる性質を持つ媒質と接触している状況に対応している）, 式 (5.10) で記述される釣り合いの式にのみ影響を与える. ここでのメモリーカーネル M は, 格子点の位置 $\mathbf{r}$ に依存することになる. 遷移確率が t に陽に依存しない限り, 格子点に関する和（または積分）は, 時間的な微分積分演算子とカーネルを $M_\mathbf{r}(t) = M(\mathbf{r}, t)$ に置き換えることができる. 遷移確率が時間に陽に依存している場合, そのような交換は不可能であり, マスター方程式は,

$$\frac{dP(\mathbf{r}, t)}{dt} = \sum_{\mathbf{r}'} p(\mathbf{r}, \mathbf{r}', t) \frac{d}{dt} \int_0^t M_{\mathbf{r}'}(t - t') P(\mathbf{r}', t')\, dt'$$
$$- \frac{d}{dt} \int_0^t M_\mathbf{r}(t - t') P(\mathbf{r}, t')\, dt'$$

という形を用いらなければならない. 格子なしのランダムウォークでは,

$$\frac{dP(\mathbf{r}, t)}{dt} = \int_V [p(\mathbf{r}, \mathbf{r}', t) - \delta(\mathbf{r} - \mathbf{r}')] \left(\frac{d}{dt} \int_0^t dt'\, M(\mathbf{r}', t - t') P(\mathbf{r}', t') \right) d\mathbf{r}' \quad (5.18)$$

となる.

5.3　一般化されたマスター方程式と普通のマスター方程式の解の関係

　時間に依存しない遷移確率の場合, 通常の（パウリ）マスター方程式に対する解と一般化されたマスター方程式との間に密接な関係が存在する. 格子か非格子のどちらの状況を考慮するかで, その関係は変わらない.

　式 (5.16) と通常のマスター方程式

$$\frac{df(\mathbf{r}, t)}{dt} = \hat{L} f(\mathbf{r}, t) = \int_V f(\mathbf{r}', t)[p(\mathbf{r}, \mathbf{r}') - \delta(\mathbf{r} - \mathbf{r}')]\, d\mathbf{r}' \quad (5.19)$$

の二つの方程式を考えよう. ここで, 空間に関する線形演算子 $\hat{L}$ は右辺の確率密度関数に作用している. この確率密度関数は, 式 (5.16) の解 $P(\mathbf{r}, t)$ と区別するために $f(\mathbf{r}, t)$ と表記している. 方程式 (5.19) は, $M(t) = \delta(t)$ とすれば, 正確に式 (5.16) と一致する. さらに, 両方の方程式の初期条件は同じ（$f(\mathbf{r}, 0) = P(\mathbf{r}, 0)$）であり, 境界条件も同じであると仮定する. 式 (5.16) と (5.19) の解は次の積分に

86   第5章　マスター方程式

より繋がっている.

$$P(\mathbf{r}, t) = \int_0^\infty f(\mathbf{r}, \tau) T(\tau, t) \, d\tau. \tag{5.20}$$

ここで, $T(\tau, t)$ は, 2番目の変数に関するラプラス変換 $\tilde{T}(\tau, s) = \int_0^\infty T(\tau, t) e^{-st} \, dt$ で定義される. つまり,

$$\tilde{T}(\tau, s) = \frac{1}{sM(s)} \exp\left[-\frac{\tau}{M(s)}\right]. \tag{5.21}$$

これを確かめるため, 式 (5.16) と (5.19) にラプラス変換を施すと,

$$s\tilde{f}(\mathbf{r}, s) - P(\mathbf{r}, 0) = \hat{L}\tilde{f}(\mathbf{r}, s) \tag{5.22}$$

と

$$s\tilde{P}(\mathbf{r}, s) - P(\mathbf{r}, 0) = sM(s)\hat{L}\tilde{P}(\mathbf{r}, s) \tag{5.23}$$

が得られる. ここで, $f(\mathbf{r}, 0) = P(\mathbf{r}, 0)$ という仮定を使っている. ラプラス変換された関数とそうでないものが同じ式の中に現れるので, ラプラス変換された関数はティルダ (~) によって表記する. $P(\mathbf{r}, t)$ のラプラス変換は,

$$\begin{aligned}
\tilde{P}(\mathbf{r}, s) &= \int_0^\infty dt \, e^{-st} \int_0^\infty d\tau \, f(\mathbf{r}, \tau) T(\tau, t) \\
&= \int_0^\infty d\tau \, \frac{1}{sM(s)} \exp\left[-\frac{\tau}{M(s)}\right] f(\mathbf{r}, \tau) \\
&= \frac{1}{sM(s)} \tilde{f}\left[\mathbf{r}, \frac{1}{M(s)}\right]
\end{aligned} \tag{5.24}$$

となるので, 式 (5.23) は,

$$\frac{1}{M(s)} \tilde{f}\left[\mathbf{r}, \frac{1}{M(s)}\right] - P(\mathbf{r}, 0) = \hat{L}\tilde{f}\left[\mathbf{r}, \frac{1}{M(s)}\right]$$

となる. 変数変換 $u = 1/M(s)$ を行えば, 式 (5.22) が得られ, 仮定された関係式が実際に正しいことを意味している.

　ここで議論した接続の有用性は多岐にわたる. まず, 多くの場合, 通常のマスター方程式の解は知られており, 式 (5.20) と (5.21) により, 一般化されたマスター方程式を直接解かずにその解を得ることができる. 次に, 解の存在 (すなわち, 非負性) を明示的に示すことができないような場合においても, その証明を与える

有益な理論的な手段を与えてくれる．特に，$T(\tau, t)$ が τ に関して確率密度関数であることを示す場合に有益である．これを示すには，規格化に関してはその構築より保証されているので，その非負性を示せば十分である．実際に，式 (5.21) を用いて，$\int_0^\infty T(\tau, t)\,dt$ の 2 番目の変数のラプラス変換は

$$\int_0^\infty T(\tau, s)\,d\tau = \int_0^\infty \frac{d\tau}{sM(s)} \exp\left[-\frac{\tau}{M(s)}\right] = \frac{1}{s}$$

となる．これは，$\int_0^\infty T(\tau, t)\,dt = 1$ を意味する．

もし $T(\tau, t)$ が非負であるならば，これは時刻 t での変数 τ の確率密度関数である．そして，この積分で表された式 (5.20) は式 (3.8) の類似物であると考えられ，いわゆる従属の積分公式に対応している．従属過程の数学の専門用語を用いれば [3]，式 (5.19) は親過程（parent process）のマスター方程式と考えられ，$T(\tau, t)$ は時刻 t での指示過程 $\tau(t)$ の確率密度関数である（しかしながら，これは，$\tau(t)$ が非負の増分を持つことを示していないので，確率過程 $\mathbf{r}(t)$ が本当に $\mathbf{r}(\tau)$ に従属していることを示すには十分でない．もし τ を運用時間として使いたいならば，この非負性は示す必要がある）．

5.4　一般化されたフォッカー‐プランク方程式と拡散方程式

ランダムウォークの振る舞いを大きなスケール，つまり，典型的なステップサイズ $\langle (\mathbf{r} - \mathbf{r}')^2 \rangle$ より十分に大きなスケールで見ると，（一般的に）空間に関する積分で記述されるマスター方程式 (5.16)

$$\frac{dP(\mathbf{r}, t)}{dt} = \frac{d}{dt} \int_0^t dt'\, M(t - t') \int_V P(\mathbf{r}', t')[p(\mathbf{r}, \mathbf{r}') - \delta(\mathbf{r} - \mathbf{r}')]\,d\mathbf{r}'$$

から微分による記述により状況を簡略化することができる．そのため，関数 $P(\mathbf{r}, t)$ を $\mathbf{r} = \mathbf{r}'$ の周りでテイラー展開する．つまり，

$$P(\mathbf{r}', t) \cong P(\mathbf{r}, t) + \nabla P(\mathbf{r}, t)(\mathbf{r}' - \mathbf{r}) + \frac{1}{2}\Delta P(\mathbf{r}, t)(\mathbf{r}' - \mathbf{r})^2 + \cdots$$

これを式 (5.16) に代入すると，$P(\mathbf{r}, t)$ に対する偏微分方程式が導かれ，

$$\frac{dP(\mathbf{r}, t)}{dt} = \frac{d}{dt} \int_0^t dt'\, M(t - t') \left[\mathbf{A}(\mathbf{r}) \nabla P(\mathbf{r}, t') + \frac{B(\mathbf{r})}{2} \Delta P(\mathbf{r}, t') \right] \tag{5.25}$$

という形になる．ここで，係数は $\mathbf{A}(\mathbf{r}) = \int_V p(\mathbf{r},\mathbf{r}')(\mathbf{r}-\mathbf{r}')\,d\mathbf{r}'$ と $B(\mathbf{r}) = \int_V p(\mathbf{r},\mathbf{r}')(\mathbf{r}-\mathbf{r}')^2\,d\mathbf{r}'$ で与えられている．式 (5.25) は，一般化されたフォッカー‐プランク方程式 (generalized Fokker-Planck equation) である（普通のフォッカー‐プランク方程式では $M(t)$ が一定となっている）．均一な系では，係数は一定である（$\mathbf{r}$ とは独立）．

通常のフォッカー‐プランク方程式の場合と並行して，$P(\mathbf{r},t)$ の展開において最初の二つ以上の項を考えると，振動する（もはや非負ではない）密度になる．したがって，近似式 (5.25) の精度が十分でないならば，マスター方程式の積分形式を用いなければならない．

演習問題 5.5　対称で均一な連続時間ランダムウォークに対する一般化されたフォッカー‐プランク方程式 (5.25) を考えよ（係数は $\mathbf{A}(\mathbf{r}) = 0$ かつ $B(\mathbf{r})$ は一定である）．また，フーリエ‐ラプラス空間における式 (5.25) の解が，式 (5.16) の解の小さな k の極限に対応していることを示せ（演習問題 5.4 を参照）．

ランダムウォークで記述される熱平衡状態を持つ系では，異なった表記がたびたび用いられる．そのような系では，粒子が位置 $\mathbf{r}$ にいる平衡分布はボルツマン分布 $P_{eq}(\mathbf{r}) \propto \exp\left(-\frac{U(\mathbf{r})}{kT}\right)$ に従う．ここで，$U(\mathbf{r})$ は位置 $\mathbf{r}$ でのポテンシャルエネルギーである．また，遷移確率は詳細釣り合い条件 $P_{eq}(\mathbf{r}')p(\mathbf{r},\mathbf{r}') = P_{eq}(\mathbf{r})p(\mathbf{r}',\mathbf{r})$，または，

$$\frac{p(\mathbf{r},\mathbf{r}')}{p(\mathbf{r}'\mathbf{r})} = \exp\left(\frac{U(\mathbf{r}') - U(\mathbf{r})}{kT}\right) \tag{5.26}$$

を満たしている．この条件は，任意の二つの格子点間での任意の時間の間での平均遷移数が平衡下ではどちらの向きでも等しいことを意味している．詳細釣り合い条件は熱力学第二法則の結果である．二つの格子点 $\mathbf{r}'$ と $\mathbf{r}$ の間での遷移確率は，したがって，ポテンシャルエネルギーの差に依存する．つまり，$p(\mathbf{r},\mathbf{r}') = p(\mathbf{r},\mathbf{r}';V(\mathbf{r},\mathbf{r}'))$，ここで，$V(\mathbf{r},\mathbf{r}') = U(\mathbf{r}') - U(\mathbf{r})$ である．$U(\mathbf{r})$ に由来するポテンシャル力 $\mathbf{f}(\mathbf{r})$，つまり，$\mathbf{f}(\mathbf{r}) = -\nabla U(\mathbf{r})$ を導入しよう．力 $\mathbf{f}(\mathbf{r})$ がない状況では遷移確率は座標の差にだけ依存する，すなわち $p(\mathbf{r},\mathbf{r}',0) = p(\mathbf{r}-\mathbf{r}')$ と仮定しよう（すなわち，力のない系は均一である）．これは，力のない状況では，ジャンプは対称であることを意味している．なぜなら，式 (5.26) より，$p(\mathbf{r},\mathbf{r}') = p(\mathbf{r}',\mathbf{r})$ であり，$p(\mathbf{r}-\mathbf{r}') = p(\mathbf{r}'-\mathbf{r})$ となる．よって，$p(\mathbf{r},\mathbf{r}',0)$ の 1 次モーメントは $\int_V p(\mathbf{r},\mathbf{r}';0)(\mathbf{r}-\mathbf{r}')\,d\mathbf{r}' = 0$ となる．力 $\mathbf{f}(\mathbf{r})$ を入れることにより，ステップの長さや方向にバイアスが生じる．小

さな $\mathbf{f}(\mathbf{r})$ に対して，以下の展開が用いられる．

$$p(\mathbf{r}, \mathbf{r}'; V) = p(\mathbf{r}, \mathbf{r}'; 0) + \frac{\partial}{\partial V} p(\mathbf{r}, \mathbf{r}'; V)(U(\mathbf{r}) - U(\mathbf{r}')) + \cdots$$

$$= p(\mathbf{r}, \mathbf{r}', 0) - \frac{\partial}{\partial V} p(\mathbf{r}, \mathbf{r}'; V) \Big|_{V=0} \mathbf{f}(\mathbf{r})(\mathbf{r} - \mathbf{r}')$$

$$- \frac{1}{2} \frac{\partial}{\partial V} p(\mathbf{r}, \mathbf{r}'; V) \Big|_{V=0} \nabla \mathbf{f}(\mathbf{r})(\mathbf{r} - \mathbf{r}')^2 - \cdots. \tag{5.27}$$

ここで，2番目の行でポテンシャルの差に関して近似を行った．つまり，

$$U(\mathbf{r}) - U(\mathbf{r}') = \int_{\mathbf{r}'}^{\mathbf{r}} \mathbf{f}(\mathbf{x}) \, d\mathbf{x} \approx -\frac{1}{2} \left[\mathbf{f}(\mathbf{r}) + \mathbf{f}(\mathbf{r}') \right] (\mathbf{r} - \mathbf{r}')$$

$$= -\mathbf{f}(\mathbf{r})(\mathbf{r} - \mathbf{r}') - \frac{1}{2} \nabla \mathbf{f}(\mathbf{r})(\mathbf{r} - \mathbf{r}')^2 + \cdots.$$

遷移確率の式 (5.27) を用いて，$(\mathbf{r} - \mathbf{r}')$ に関して2次の項まで求めると，

$$\frac{\partial P(\mathbf{r}, t)}{\partial t} = \frac{\partial}{\partial t} \int_0^t dt' \, M(t - t') \left[-\mu \mathbf{f}(\mathbf{r}) \nabla P(\mathbf{r}, t') \right.$$

$$\left. - \mu P(\mathbf{r}, t') \nabla \mathbf{f}(\mathbf{r}) + D \Delta P(\mathbf{r}, t') \right]$$

$$= \frac{\partial}{\partial t} \int_0^t dt' \, M(t - t') \nabla \left[-\mu \mathbf{f}(\mathbf{r}) P(\mathbf{r}, t') + D \nabla P(\mathbf{r}, t') \right] \tag{5.28}$$

となる．ここで，$D = \frac{1}{2} \int p(\mathbf{r} - \mathbf{r}')(\mathbf{r} - \mathbf{r}')^2 \, d\mathbf{r}'$ かつ $\mu = \int \frac{\partial}{\partial V} p(\mathbf{r}, \mathbf{r}'; V) \big|_{V=0} (\mathbf{r} - \mathbf{r}')^2 \, d\mathbf{r}'$ である．この二つの定数は独立ではないことに注意する．

これまでの仮定の下で詳細釣り合いは $p(\mathbf{r}, \mathbf{r}'; V) = p(\mathbf{r}', \mathbf{r}; -V)$ となる．式 (5.26) の両辺を V に関して微分すれば，$\frac{\partial}{\partial V} \frac{p(\mathbf{r}, \mathbf{r}'; V)}{p(\mathbf{r}', \mathbf{r}'; -V)} = \frac{1}{kT} \exp \left(\frac{V}{kT} \right)$ が得られる．$V = 0$ とすると，$\frac{\partial}{\partial V} p(\mathbf{r}, \mathbf{r}'; V) \big|_{V=0} = \frac{1}{2kT} p(\mathbf{r}, \mathbf{r}'; V)$ となり，

$$\mu = \frac{D}{kT} \tag{5.29}$$

が得られる．これは，一般化されたアインシュタイン関係（Einstein relation）と呼ばれている．一般化されたフォッカー・プランク方程式 (5.28) と対応するアインシュタイン関係 (5.29) は今後もたびたび現れる．

90 第5章 マスター方程式

参考文献

[1] J.W. Haus and K.W. Kehr. *Phys. Repts.* **150**, 263 (1987)

[2] I.M. Sokolov and J. Klafter. *Chaos, Solitons and Fractals* **34**, 81 (2007)

[3] W. Feller. *An Introduction to Probability Theory and Its Applications*, New York: Wiley, 1971（Vol. 2 の第 X 章参照）

さらなる参考書

N.G. van Kampen. *Stochastic Processes in Physics and Chemistry*, 3rd Edition, Amsterdam: North-Holland, 2007

W. Ebeling and I.M. Sokolov. *Statistical Thermodynamics and Stochastic Theory of Nonequilibrium Systems*, Singapore: World Scientific, 2005

B.D. Hughes. *Random Walks and Random Environments*, Vol. 1: *Random Walks*, Oxford: Clarendon, 1996

M. Magdziarz, A. Weron and J. Klafter. *Phys. Rev. Lett.* **101**, 210601 (2008)

A. Weron, M. Magdziarz and K. Weron. *Phys. Rev. E* **77**, 036704 (2008)

第6章

遅い拡散に対する非整数階拡散方程式とフォッカー‐プランク方程式

"God gave us the integers, all else is the work of man."
（神は整数を与えたもうた．ほかはすべて人間の成果である.）

Leopold Kronecker（レオポルト・クロネッカー）

第5章で考えた一般化されたフォッカー‐プランク方程式

$$\frac{\partial p(\mathbf{r},t)}{\partial t} = \frac{\partial}{\partial t} \int_0^t dt'\, M(t-t') \nabla \left[-\mu \mathbf{f} p(\mathbf{r},t') + D\nabla p(\mathbf{r},t') \right]$$

に戻ろう．そして，重い裾を持つ待ち時間分布 $\psi(t) \cong t^{-1-\alpha}$ を考えよう．一般化されたフォッカー‐プランク方程式におけるメモリーカーネル $M(t)$ は，（大きな t に対して）漸近的には $M(t) \cong t^{\alpha-1}$ のように振る舞う（演習問題5.3を参照）．よって，この方程式の右辺は微分積分演算子

$$\frac{d}{dt} \int_0^t \frac{dt'}{(t-t')^\alpha} g(t')$$

を含んでいる．この演算子は，時間の関数 $g(t)$ に作用している．この演算子は，数学ではリーマン‐リウヴィルの非整数階微分（fractional derivative）として知られているものと同じであり，$_0D_t^{1-\alpha}g(t)$ と表記する．この演算子の主な性質は6.1節で議論される．

92 第 6 章 遅い拡散に対する非整数階拡散方程式とフォッカー・プランク方程式

6.1 リーマン・リウヴィル微分とワイル微分

　古典的な微積分を非整数階の微分に一般化する方法の問題は，微積分自体の歴史の冒頭から数学者を混乱させている．現代的な定義の全ては，以下のアイデアに基づいてさまざまな実装が行われている．すなわち，微分することは，積分 $\int_a^t f(t')\,dt'$ の逆の手続きである．よって，n 回の微分は，n 回繰り返された積分 $\int_a^t dt_1 \int_a^{t_1} dt_2 \cdots \int_a^{t_n} dt_n f(t_n)$ の逆の演算である．次の積分等式は重要である．

$$\int_a^t \int_a^{t_1} \cdots \int_a^{t_{n-1}} f(t_n)\,dt_n \cdots dt_1 = \frac{1}{(n-1)!} \int_a^t (t-t')^{n-1} f(t')\,dt'. \tag{6.1}$$

演習問題 6.1　　式 (6.1) を証明せよ．数学的帰納法を用いるとよい．

ここで，a から t へのオーダー α の非整数階の積分を

$$_aI_t^\alpha f(t) = \frac{1}{\Gamma(\alpha)} \int_a^t (t-t')^{\alpha-1} f(t')\,dt' \tag{6.2}$$

のように定義する．この積分は，正則関数であれば，任意の $\alpha > 0$ に対して存在する．$\Gamma(\alpha)$ は，$\Gamma(n) = (n-1)!$ であるので，まさに先ほどの式を非整数へ一般化したことになっている．任意の β 階の非整数微分は非整数の積分と通常の微分を通して，次のように定義される．

$$_aD_t^\beta f(t) = \frac{d^n}{dt^n}\, {_aI_t^{n-\beta}}. \tag{6.3}$$

ここで，$n = [\beta] + 1$ であり，$[\beta]$ は β の整数部分を表す．非整数次数 $\alpha = n - \beta$ は，0 と 1 の間にあることに注意する．非整数階積分と同様に，非整数階微分は積分の下限に依存するが，β が整数のときにはこの依存性は消える（演習問題 6.2 を参照）．

　式 (6.2) と (6.3) は，いわゆるリーマン・リウヴィル微分（Riemann-Liouville derivative）を定義している．これは，通常の整数階微分と同様のいくつかの性質を有している．例えば，ベキ関数の微分に関する標準的な結果を与える．つまり，$m \geq n$ である関数 x^m の n 階微分は，

$$\frac{d^n}{dx^n} x^m = m(m-1)\cdots(m-n+1)x^{m-n} = \frac{m!}{(m-n)!}x^{m-n}$$

となり，$m < n$ でゼロとなる．階乗とガンマ関数の関係を用いれば，これは

$$\frac{d^n}{dx^n} x^m = \frac{\Gamma(m+1)}{\Gamma(m-n+1)} x^{m-n} \tag{6.4}$$

と書き直すことができる．$m < n$ で微分がゼロになることは自動的に出てくる．つまり，負の整数が変数であるときガンマ関数は発散する．しかし，n と m は整数である必要はなく，式 (6.4) は任意の値に対して存在する関数の定義を与えている．つまり，

$$\frac{d^\nu}{dx^\nu} x^\mu = \frac{\Gamma(\mu+1)}{\Gamma(\mu-\nu+1)} x^{\mu-\nu}. \tag{6.5}$$

1 の非整数階微分は

$$\frac{d^\nu}{dx^\nu} 1 = \frac{1}{\Gamma(1-\nu)} x^{-\nu}$$

で与えられ，ν が自然数のときにのみゼロになる．

この微分の規則の面白いところは，定数の微分がゼロにならないことである．

$$\frac{d^\nu}{dx^\nu} 1 = \frac{1}{\Gamma(1-\nu)} x^{-\nu}. \tag{6.6}$$

演習問題 6.2 式 (6.5) は，式 (6.2) と (6.3) で定義されるリーマン・リウヴィル微分 $_0D_x^\nu$ により厳密に得られることを示せ（なお，$a = 0$ としていることに注意）．

ヒント：ベータ関数 $\mathrm{B}(p,q) = \frac{\Gamma(p)\Gamma(q)}{\Gamma(p+q)} = \int_0^1 u^{p-1}(1-u)^{q-1}\, du$ の定義を用いる．

リーマン・リウヴィル微分の便利な性質は，たたみこみ演算子である非整数階積分 $_0I_t^\alpha$ のラプラス表現が

$$\hat{L}\{_0I_t^\alpha f(t)\} = s^{-\alpha}\hat{L}\{f(t)\} \equiv s^{-\alpha}f(s) \tag{6.7}$$

によって与えられるという事実に関係する．ここで，$\hat{L}$ はラプラス変換を意味する演算子であり，α が整数であるときには，積分の繰り返しのよく知られた表現に対応している．

演習問題 6.3 式 (6.7) を使い，ベキ関数 x^μ の非整数階積分を求めよ．

94 第6章 遅い拡散に対する非整数階拡散方程式とフォッカー・プランク方程式

上で議論した演算子，つまり，$0 < \nu < 1$ である非整数階微分 $_0D_x^\nu$ は，ラプラス表現として $\hat{L}\{_0D_t^\nu f(t)\} = s^\nu \hat{L}\{f(t)\} \equiv s^\nu \tilde{f}(s)$ を持つ．これは，通常の微分のラプラス表現 $\hat{L}\{\frac{d}{dt}f(t)\} = s\tilde{f}(s) - f(0)$ と似ているが，初期条件に関連する項がない（その項はゼロである）．ラプラス変換された関数がラプラス変換されていない初期条件の関数と同じ方程式内にあるならば，慣例に従って，それをティルダによって表す．

演習問題 6.4 式 (6.7) を使って，任意の次数 ν の非整数階微分 $_0D_t^\nu$ のラプラス表現を求めよ．ラプラス表現における初期条件依存性に注意せよ．

ベキ関数の非整数階微分は，通常の整数階微分とよく似た形になっているが，指数関数の結果は，次のように幾分残念なものである．

$$_0D_x^\alpha e^x = e^x \frac{\gamma(-\alpha, x)}{\Gamma(-\alpha)}.$$

ここで，$\gamma(-\alpha, x)$ は不完全ガンマ関数である．しかしながら，通常の微分と比較して，非整数のものには，以前の例ではゼロに設定されていた積分の起点である追加のパラメータ a が含まれていることに留意する必要がある．もし，そのパラメータを $-\infty$ にすれば，指数関数のよく知られた微分が，次のように得られる．

$$_{-\infty}D_x^\alpha e^x = e^x.$$

この $a \to -\infty$ とした特別なリーマン・リウヴィル微分 $_aD_x^\alpha$ はワイル微分（Weyl derivative）と呼ばれている．$a = 0$ としたリーマン・リウヴィル微分がラプラス変換の下で通常の微分の性質を再現したのと同じように，ワイル微分は，フーリエ変換の下で，次のようなよく知られた性質を持つ．

$$\hat{F}\{_{-\infty}D_x^\alpha f(x)\} = (ik)^\alpha \hat{F}\{f(x)\} \equiv (ik)^\alpha f(k).$$

レヴィフライトにおける第7章において，この性質に戻る．

この問題の数学的な側面に関する詳細は，文献 [1-3] を参照せよ．

6.2 グリュンヴァルト・レトニコフ表現

通常の微分は，増分の比の極限として考えることができる．例えば，$\frac{df}{dx} = \lim_{\Delta x \to 0} \frac{f(x+\Delta x) - f(x)}{\Delta x}$ である．積分も対応するリーマン和の極限として見ることが

できる．非整数階微分の微分積分演算子は，グリュンヴァルト・レトニコフ定理（Grünwald-Letnikov formula）と呼ばれる無限和の形で表現される．よって，非整数階の積分も

$$
{}_aI_x^\alpha f(x) = {}_aD_x^{-\alpha} f(x)
$$
$$
= \lim_{N\to\infty}\left[\left(\frac{x-a}{N}\right)^\alpha \sum_{j=0}^{N}\frac{\Gamma(j+\alpha)}{\Gamma(\alpha)j!}f\left(x-j\left(\frac{x-a}{N}\right)\right)\right]
$$

という無限和の形で与えられる．この形が実際にうまくいっていることを確認するため，$\alpha = 1$ の場合を考えると，確かに，この式は通常の積分 $\int_a^x f(x')\,dx'$ を再現している．一般の非整数階微分は，

$$
{}_aD_x^\alpha f(x) = \lim_{N\to\infty}\left[\left(\frac{N}{x-a}\right)^\alpha \sum_{j=0}^{N}(-1)^j\frac{\Gamma(\alpha+1)}{\Gamma(\alpha-j+1)j!}f\left(x-j\left(\frac{x-a}{N}\right)\right)\right]
$$

で与えられる．α が正の整数のときにのみ，微分の差分表現において，和をとる項の数が関数 $f(x)$ を評価する点（$\Delta x = (x-a)/N$ だけ離れた点）の数 N から一定の数だけずれることに注意する．これは分母における Γ 関数の発散に起因する．また，a の依存性がなくなるときにのみそのような状況になる．この公式は，非整数階微分で記述される方程式を解くための効率的な数値アルゴリズムの基礎を与える．

6.3　非整数階拡散方程式

裾の重い待ち時間分布の場合，本章の初めに議論した一般化されたフォッカー・プランク方程式は，

$$
\frac{\partial p(x,t)}{\partial t} = {}_0D_x^{1-\alpha}\left[-\mu_\alpha\frac{\partial}{\partial x}f(x)p(x,t) + K_\alpha\frac{\partial^2}{\partial x^2}p(x,t)\right] \tag{6.8}
$$

という形をとる．ここで，一般化された移動度 μ_a と一般化された（遅い）拡散係数 K_a を持つ1次元の状況を考える（第3章を参照）[1]．

---

[1] $t > 0$ でのジャンプ率に対応する式 (5.25) におけるメモリーカーネル $M(t)$ は，任意の待ち時間分布に対して明らかに時間の逆数の次元を持っている．式 (3.19) で与えられる裾の重い待ち時間の確率密度関数 $\psi(t)$ では，$M(t) \cong \frac{1}{\Gamma(\alpha)}\frac{t^{\alpha-1}}{\tau^{-\alpha}}$ となる．一方で，非整数階積分は $\tau^{-\alpha}$ という係数はなく，次元は $[\mathrm{T}^{1-\alpha}]$ である．したがって，一般化された移動度 μ_α と一般化された拡散係数 K_α は，式 (5.29) における μ や D と比べて，係数 $\tau^{-\alpha}$ を追加しなければならない．

96 第6章 遅い拡散に対する非整数階拡散方程式とフォッカー・プランク方程式

ここで,二つの例を考えよう.一つ目は,一定の外力,すなわち $f = $ 一定(外力のない $f = 0$ の特別な場合も含める)の下で,1次元での粒子の遅い拡散を示す運動で,二つ目は線形なバネ $f(x) = -kx$ につながった粒子の運動(一般化されたオルンシュタイン・ウーレンベック過程)である.

一定の外力の場合,

$$\frac{\partial p(x,t)}{\partial t} = {}_0D_x^{1-\alpha}\left[-\mu_\alpha f \frac{\partial}{\partial x}p(x,t) + K_\alpha \frac{\partial^2}{\partial x^2}p(x,t)\right] \tag{6.9}$$

から始めよう.そして,変位のモーメントの振る舞い $m_n(t) = \langle x^n(t)\rangle = \int_{-\infty}^{\infty}x^n p(x,t)\,dx$ を議論しよう.モーメントに対する方程式は,式 (6.9) に x^n をかけて x で積分すれば得られる.$n \geq 1$ のとき,この式の右辺の第1項は,部分積分により,

$$\int_{-\infty}^{\infty} x^n \frac{\partial}{\partial x}p(x,t)\,dx = -nm_{n-1}(t)$$

となり,$n \geq 2$ のとき,部分積分を繰り返せば,第2項は

$$\int_{-\infty}^{\infty} x^n \frac{\partial^2}{\partial x^2}p(x,t)\,dx = n(n-1)m_{n-2}(t)$$

となる.ゼロ次のモーメントは明らかに1である.モーメントに対する一般的な式は,$n \geq 2$ に対して,

$$\frac{d}{dt}m_n(t) = n\mu_\alpha f \,{}_0D_t^{1-\alpha}\,m_{n-1}(t) + n(n-1)\,K_\alpha\,{}_0D_t^{1-\alpha}m_{n-2}(t) \tag{6.10}$$

となり,1次モーメントに対しては

$$\frac{d}{dt}m_1(t) = \mu_\alpha f \,{}_0D_t^{1-\alpha}\,1 \tag{6.11}$$

となる.

$f = 0$ の場合,1次モーメントはゼロになり,2次モーメントは,非整数階の微分方程式

$$\frac{d}{dt}m_2(t) = 2K_\alpha\,{}_0D_t^{1-\alpha}\,1 \tag{6.12}$$

の解で与えられる.一定値の非整数階微分の形はわかっているので,方程式は

$$\frac{d}{dt}m_2(t) = 2K_\alpha \frac{1}{\Gamma(\alpha)}t^{\alpha-1}$$

となり，2 次モーメントは

$$m_2(t) = m_2(0) + 2K_\alpha \frac{1}{\alpha \Gamma(\alpha)} t^\alpha = m_2(0) + \frac{2K_\alpha}{\Gamma(\alpha+1)} t^\alpha$$

となる．もし粒子が $t = 0$ で原点にいたとすると，最初の項はなくなり，

$$\langle x^2(t) \rangle_{f=0} = \frac{2K_\alpha}{\Gamma(\alpha+1)} t^\alpha \tag{6.13}$$

となる．ここで，$f = 0$ の状況であることを明記するため，通常の平均の表記を用いた．次に，ゼロでない一定の外力の場合を考えよう．この場合，1 次モーメントはゼロにならないで式 (6.11) によって決まる．これは，定数倍だけ式 (6.12) の右辺とは異なる．時刻 $t = 0$ で原点から動き出した場合，解は，

$$\langle x(t) \rangle_f = \frac{\mu_\alpha f}{\Gamma(\alpha+1)} t^\alpha \tag{6.14}$$

となる．式 (6.10) と式 (6.14) を比べると，

$$\langle x(t) \rangle_f = \frac{1}{2} \frac{\mu_\alpha}{K_\alpha} f \langle x^2(t) \rangle_{f=0}$$

となることがわかる．系が熱平衡状態にある場合，K_α と μ_α は一般化されたアインシュタイン関係 $K_\alpha/\mu_\alpha = k_B T$ を満たすことに注意すると，

$$\langle x(t) \rangle_f = \frac{1}{2k_B T} f \langle x^2(t) \rangle_{f=0} \tag{6.15}$$

となる．

次に線形なバネにつながった場合を考えよう．つまり，

$$\frac{\partial p(x,t)}{\partial t} = {}_0D_t^{1-\alpha} \left[\mu_\alpha k \frac{\partial}{\partial x} \left(x p(x,t) \right) + K_\alpha \frac{\partial^2}{\partial x^2} p(x,t) \right]. \tag{6.16}$$

1 次モーメントは，式 (6.16) の両辺に x をかけて積分すれば得られる．右辺において部分積分をすれば，

$$\frac{d}{dt} m_1(t) = -\tau^{-\alpha} {}_0D_t^{1-\alpha} m_1(t) \tag{6.17}$$

となる．ここで，$\tau^{-\alpha} = k\mu_\alpha$ で定義される特徴的な時間 τ を導入した．この方程式の解は，ミッタク・レフラー関数によって与えられる．特別な場合に関しては，

98 第6章 遅い拡散に対する非整数階拡散方程式とフォッカー・プランク方程式

第3章ですでに見ている．式 (6.17) は，たたみこみの形になっているため，ラプラス変換により解くことができ，式 (6.17) は代数方程式になる．つまり，

$$s\,\tilde{m}_1(s) - m_1(0) = -\tau^{-\alpha}\,s^{1-\alpha}\,\tilde{m}_1(s)$$

となり，解は，

$$\tilde{m}_1(s) = m_1(0)\frac{1}{s + \tau^{-\alpha}s^{1-\alpha}}$$

となる．

$$E_\alpha(z) = \sum_{k=0}^{\infty} \frac{z^k}{\Gamma(k\alpha + 1)}$$

は，ミッタク・レフラー関数である．$\alpha = 1$ のときには，$E_1(z) = e^z$ となる．

次のステップは，関数

$$f(s) = \frac{1}{s}\frac{1}{1 + \tau^{-\alpha}s^{-\alpha}}$$

$$= \frac{1}{s}\left(1 - \tau^{-\alpha}s^{-\alpha} + \tau^{-2\alpha}s^{-2\alpha}\right) - \cdots = \sum_{k=0}^{\infty}(-1)^k\tau^{-k\alpha}s^{-k\alpha-1}$$

の逆ラプラス変換を求めることである．ここでは，単に $(\tau s)^{-\alpha}$ により関数を級数展開した．今，よく知られたベキ関数の逆ラプラス変換の公式 $\hat{L}^{-1}\left\{s^{-x}\right\} = t^{x-1}/\Gamma(x)$ を用い，各項ごとに逆ラプラス変換を実行すると，

$$f(t) = \hat{L}^{-1}\left\{f(s)\right\} = \sum_{k=0}^{\infty}\frac{(-1)^k\tau^{-k\alpha}t^{k\alpha}}{\Gamma(k\alpha + 1)}$$

が得られる．ミッタク・レフラー関数 $E_\alpha(z) = \sum_{k=0}^{\infty}\frac{z^k}{\Gamma(k\alpha+1)}$ を用いれば，$f(t) = E_\alpha\lfloor-(t/\tau)^\alpha\rfloor$ となり，式 (6.17) の解は，

$$m_1(t) = m_1(0)E_\alpha\left[-(t/\tau)^\alpha\right]$$

となる．

非整数階の微分方程式

$$\frac{dy}{dx} = {}_0D_x^{1-\alpha} y$$

の解は，

$$y(x) = y_0 E_\alpha\left[-x^\alpha\right]$$

となる．

図 6.1 にミッタク・レフラー関数 $E_\alpha(-t^\alpha)$ が示されている．関数 $E_1(-t) = \exp(-t)$ は，指数関数的に減衰する．$0 < \alpha \leq 1$ では，$t \ll 1$ に対しては，$E_\alpha(-t^\alpha) \sim \exp\left(-\frac{t^\alpha}{\Gamma(1+\alpha)}\right)$ のように引き伸ばされた指数関数で減衰するが，その後，

$$E_\alpha(-t^\alpha) \sim \frac{1}{\Gamma(1-\alpha)t^\alpha} \tag{6.18}$$

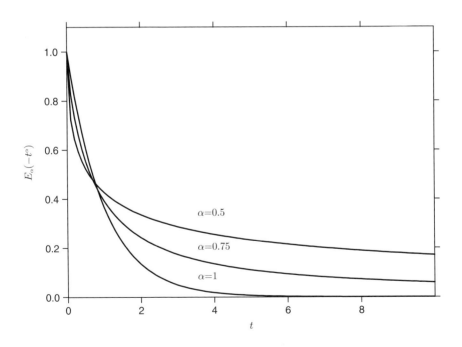

図 6.1 $\alpha = 0.5,\ 0.75,\ 1$ のときのミッタク・レフラー関数 $E_\alpha(-t^\alpha)$．指数 α が小さくなるにつれて，減衰はゆっくりとなる．

100　第6章　遅い拡散に対する非整数階拡散方程式とフォッカー・プランク方程式

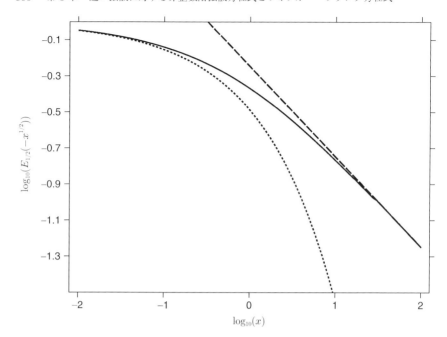

図 6.2　ミッタク・レフラー関数 $E_{1/2}(-t^{1/2})$ を両対数スケールでその小さな t と大きな t の漸近的な振る舞い（点線は引き伸ばされた指数関数，破線はベキ関数）と共に示している．

のようにベキ的な振る舞いになる．これは，図 6.2 にある $E_{1/2}(-t^{1/2})$ の両対数グラフにより理解できる．この関数は，誤差関数を用いて表現することができる．つまり，$E_{1/2}(-t^{1/2}) = e^t \operatorname{erfc}(\sqrt{t})$ である．

演習問題 6.5　式 (6.16) を用い，2次モーメント $m_2(t) = \langle x^2(t) \rangle$ に関する閉じた方程式を求めよ．この方程式を解き，$\langle x^2(t) \rangle$ は，$\langle x^2(t) \rangle = x_{eq}^2 + (x_0^2 - x_{eq}^2) E_\alpha[-2(t/\tau)^\alpha]$ のように振る舞うことを示し，対応するパラメータ x_0^2 と x_{eq}^2 を求めよ．

ここで，時間依存する力を考えるときには注意を払う必要がある．連続極限では，外場は遷移確率にのみ影響を与え，待ち時間には影響を与えないという仮定の下で導かれたマスター方程式 (5.18) は，次のフォッカー・プランク方程式になる．

$$\frac{\partial p(x,t)}{\partial t} = \left[-\mu_\alpha \frac{\partial}{\partial x} f(x,t) + K_\alpha \frac{\partial^2}{\partial x^2} \right] {}_0 D_x^{1-\alpha} p(x,t). \tag{6.19}$$

ここで，非整数階微分の前に時間依存したフォッカー‐プランク演算子がある．式 (6.9) において，演算子は $p(x,t)$ の異なる変数に作用しており，交換可能であるので，その順番は重要ではない．しかし，ここでは，演算子の順番は決まっており，重要である．式 (6.19) により，対応する分布のモーメントを得ることができる．例えば，1 次モーメントの時間発展は，

$$\frac{d}{dt} m_1(t) = \mu_\alpha f(t) {}_0 D_t^{1-\alpha} 1$$

のようになる（式 (6.11) を参照）．これは，4.5 節の結果を再現している（2 次モーメントの振る舞いに関しては，文献 [4] を参照）．

6.4　固有関数展開

　時間依存のない外場の下での非整数階のフォッカー‐プランク方程式では，通常のものと同じように固有関数展開（Eigenfunction expansion）が可能である．このアプローチを使用する理由の一つは，量子力学におけるシュレディンガー方程式の解法に使用される方法と完全に同等であるからである．ここでもまた，有効近似と有効な数値計算の実装の両方が存在する．

　時間依存のあるシュレディンガー方程式の場合と同じように，初期条件に依存した展開係数 $a_n(x_0, t_0)$ を持つ $p(x,t) = \sum_{n=0}^{\infty} a_n(x_0, t_0) p_n(x,t)$ という形の解を探し，与えられた固有モード n に対して，次のように変数分離法を用いる．

$$p_n(x,t) = \phi_n(x) T_n(t).$$

ここで，時間と空間の固有関数が切り離された方程式を得ることができる．つまり，

$$\hat{L}_{FP} \phi_n(x) = -\lambda_n \phi_n(x)$$

と

$$\frac{d}{dt} T_n(t) = -{}_0 D_t^{1-\alpha} \lambda_n T_n(t)$$

102　第6章　遅い拡散に対する非整数階拡散方程式とフォッカー‐プランク方程式

である．最初の方程式は通常のフォッカー‐プランク演算子の固有関数に対するものである．2番目の方程式は，すでに取り扱ったものである．つまり，

$$T_n(t) = E_\alpha(-\lambda_n t^\alpha).$$

例 6.1　固有関数展開の最も単純な例は，吸収境界条件を持つ区間における

$$\frac{\partial p(x,t)}{\partial t} = K_{\alpha_0} D_x^{1-\alpha} \frac{\partial^2}{\partial x^2} p(x,t) \tag{6.20}$$

で記述される拡散の問題である．ここで，$p(-L/2,t) = p(L/2,t) = 0$ である．この場合，フォッカー‐プランク演算子 $\hat{L}_{FP}$ は単純にラプラシアンになる．さらに，境界で消滅するその固有関数は，力学における振動弦の問題，または量子力学における箱内の粒子の問題の解からすでに知られている．$x = \pm L/2$ で消滅する $\Delta\phi_n(x) = -\lambda_n\phi_n(x)$ の解は，$\phi_n = \cos(\pi(2n+1)x/L)$ である．

演習問題 6.6　固有関数分解を用い，吸収境界を持つ区間 $[-L/2, L/2]$ 上で位置 x に粒子を見つける確率密度関数 $p(x,t)$，つまり，非整数階微分で記述される拡散方程式 (6.20) の解を求めよ．粒子の初期位置は，区間上に一様に分布している．つまり，$p(x,0) = \frac{1}{L}$ 一定である．また，

$$p(x,t) = \sum_{m=1}^{\infty} (-1)^m \frac{4}{L\pi(2m+1)}$$
$$\times \cos\left(\frac{\pi(2m+1)x}{L}\right) E_\alpha\left(-\frac{\pi^2(2m+1)^2}{L^2} K_\alpha t^\alpha\right)$$

となることを示せ．

さらに，この区間上の残存確率（survival probability）$\Phi(t) = \int_{-L/2}^{L/2} p(x,t)\, dx$ を求めよ．この結果は，第9章で役に立つ．

通常の拡散の場合（$E_1(-x^1) = e^{-x}$），$p(x,t)$ と $\Phi(t)$ の形は，

$$p(x,t) = \sum_{m=1}^{\infty} (-1)^m \frac{4}{L\pi(2m+1)}$$
$$\times \cos\left(\frac{2\pi(2m+1)x}{L}\right) \exp\left(-\frac{\pi^2(2m+1)^2}{L^2} Dt\right) \tag{6.21}$$

と

$$\Phi(t) = \sum_{m=1}^{\infty} \frac{8}{\pi^2(2m+1)^2} \exp\left(-\frac{\pi^2(2m+1)^2}{L^2} Dt\right) \tag{6.22}$$

となる．次に，フォッカー - プランク演算子に力の項が存在するようなより複雑な状況を考えよう．この状況は，単純な変数変換により非エルミートなフォッカー - プランク演算子をエルミートなシュレディンガー演算子に変えることができる1次元の問題において特に都合がよい．この変換をするために，まず，変数をうまく選ぶことにより（すなわち，無次元座標 x と無次元時間 t を用いることにより），フォッカー - プランク演算子を，次のように無次元の形にする．

$$\frac{\partial}{\partial x}\left(\frac{\partial U}{\partial x}f_n(x)\right) + \frac{\partial^2}{\partial x^2}f_n(x) = -\lambda_n f_n(x)$$

そして，$\psi(x) = e^{-U(x)/2}f(x)$ によって変数変換を行う．ψ に対する方程式は，変数分離形になっている．空間部分に対しては，

$$\hat{H}\psi_n(x) = \lambda_n\psi_n(x)$$

となっている．ここで，

$$\hat{H}\psi(x) = -\frac{\partial^2}{\partial x^2}\psi(x) + V(x)\psi(x)$$

であり，実効的なポテンシャル [2] は，

$$V(x) = \frac{1}{4}\left(\frac{\partial U}{\partial x}\right)^2 + \frac{1}{2}\frac{\partial^2 U}{\partial x^2}$$

で与えられている．量子力学と同じように，この解は次のようになる．つまり，

$$p(x,t|x_0,t_0) = e^{U(x_0)/2 - U(x)/2}\sum_{n=0}^{\infty}\psi_n(x)\psi_n(x_0)E_\alpha(-\lambda_n t^\alpha).$$

調和ポテンシャルの場合には，特に単純になり，シュレディンガー方程式における対応する実効的なポテンシャルは再び調和ポテンシャルとなる．ここで，無次元化された座標は $t \to t/\tau$，$x \to x\sqrt{k/(k_BT)}$ のように定義されている．フォッカー - プランク演算子に対応するポテンシャルは $U(x) = x^2/2$ となり，シュレディンガー演算子におけるポテンシャルは $V(x) = \frac{1}{4}x^2 + \frac{1}{2}$ となる．形式的なパラメー

---

[2] 任意の U に対して，実効的なポテンシャルは $V(x) = W'(x) + W^2(x)$ という形をしており，対応するシュレディンガー方程式のハミルトニアンは，$H = -\left(\frac{d}{dx}+W\right)\left(\frac{d}{dx}-W\right)$ のように書かれる．これは，いわゆる超対称量子力学に対応している（文献 [5] を参照）．このようなシュレディンガー方程式は，超ポテンシャル W が無限に速く減衰しないならば（$x \to \pm\infty$ で $\int_0^x W(x')\,dx' \to \infty$，$\int_0^x W(x')\,dx' \to -\infty$），ゼロ固有値を常に持つ．本節の最後に見るように，この性質は，系が熱平衡状態を持つという事実を表している．

104　第6章　遅い拡散に対する非整数階拡散方程式とフォッカー‐プランク方程式

タが $\hbar = 1$, $m = 1/2$, $\omega = 1$ である調和振動子に対するシュレディンガー方程式の固有値は, $\lambda_n = E_n - \frac{1}{2} = \hbar n = n$ であり, 固有関数は,

$$\psi_n(x) = \left(\frac{1}{\sqrt{2\pi}\, n! 2^n}\right)^{1/2} H_n\left(\frac{x}{\sqrt{2}}\right) e^{-x^2/4}$$

で与えられる. 最終的な解は,

$$p(x,t) = \sum_{n=0}^{\infty} \left(\frac{1}{\sqrt{2\pi}\, n! 2^n}\right) H_n\left(\frac{x}{\sqrt{2}}\right) H_n\left(\frac{x_0}{\sqrt{2}}\right) e^{-x^2/2} E_\alpha(-nt^\alpha)$$

となる. $t \to \infty$ では, この解は, $n = 0$ の項が支配的になり, ボルツマン分布の表現である

$$p(x,t) = \frac{1}{\sqrt{2\pi}} e^{-x^2/2}$$

に収束する. 単位を戻せば,

$$p(x,t) = \frac{1}{\sqrt{2\pi k_B T/k}} \exp\left(-\frac{kx^2}{2k_B T}\right)$$

となる.

6.5　従属と確率密度関数の形

　今, いくつかの重要な場合に対して, 非整数階拡散方程式の完全な解を与える. 当然, 前の章で議論したマスター方程式と同じように, その解は, 積分表示（式 (5.20) と (5.21)）により簡単に得ることができる. $M(s) \propto s^{-\alpha}$ となるベキ的なメモリーカーネルの場合, 関数 $T(\omega, t)$ の2番目の変数に関するラプラス変換は, $T(\omega, s) = s^{\alpha-1} \exp[-\omega s^\alpha]$ で与えられる（τ は, 本章では他の量を表記するために使われているので, ここでは最初の変数に関して ω を用いた）. $T(\omega, t)$ の形は, $\alpha = 1/2$ のとき, s に関する逆変換を実行することにより簡単に得ることができ, $T(\omega, t) = \exp\left(-\omega^2/4t\right)/\sqrt{\pi t}$, つまり, 片側のガウス分布（正の領域に限定されたガウス分布）であり, 簡単に変換することができる. 解である確率密度関数は, 従属の積分公式により与えられる. この形は, 図 6.1 と 6.2 の例で示されている.

　自由拡散の場合, つまり, 外場がない場合を考えよう. この場合,

$$f(x,\omega) = \frac{1}{\sqrt{4\pi K \omega}} \exp\left(-\frac{x^2}{4K\omega}\right)$$

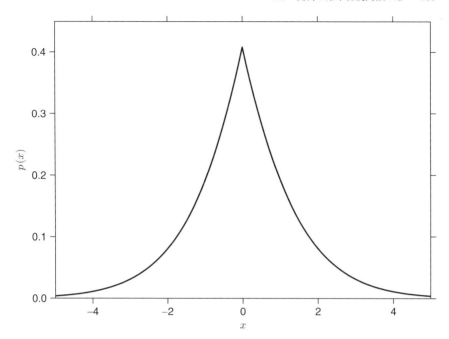

図 **6.3** $\psi(t) \propto t^{-3/2}$ である連続時間ランダムウォークにおけるランダムウォーカーの変位の確率密度関数. 遅い拡散を示す連続時間ランダムウォークでは, 確率密度関数が尖ることは典型的である.

となり, $p(x,t)$ は, 積分

$$p(x,t) = \int_0^\infty \frac{1}{\sqrt{4\pi K \omega}} \exp\left(-\frac{x^2}{4K\omega}\right) \frac{1}{\sqrt{\pi t}} \exp\left(-\frac{\omega^2}{4t}\right) d\omega \qquad (6.23)$$

で与えられ, 数値的に簡単に評価できる. これは, 正に, 第3章の図3.5を描いたときに行ったことである. ここで, 図6.3として再掲する. この非整数階拡散方程式の確率密度関数は $K=1$ で時刻 $t=1$ のものである.

同じアプローチは, 非整数階のオルンシュタイン・ウーレンベック過程にも用いることができる. つまり, $t=0$ での初期条件を x_0 とすると,

$$f(x,t) = \frac{1}{\sqrt{2\pi K \tau \left[1 - e^{-2t/\tau}\right]}} \exp\left(-\frac{\left(x - x_0 e^{-t/\tau}\right)^2}{2K\tau\left[1 - e^{-2t/\tau}\right]}\right) \qquad (6.24)$$

となる (図6.4を参照).

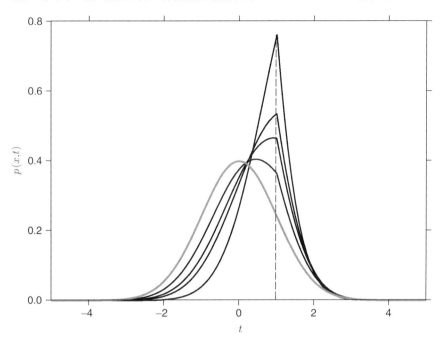

図 6.4 $\alpha = 1/2$ かつ $\tau_0 = 1$ であるときの非整数階のオルンシュタイン-ウーレンベック過程に対する変位の確率密度関数.初期位置は,$x_0 = 1$ である.黒いカーブは,時刻 $t = 0.1$, $0.5, 1, 2$ に対応している(時間が経つにつれて,カーブの最大値は小さくなる).尖っている点は,粒子の初期位置であることに注意.灰色のカーブは,最終的なガウス分布を示している.

演習問題 6.7 式 (6.24) は,実際に,方程式 $\frac{\partial f(x,t)}{\partial t} = \mu k \frac{\partial}{\partial x}(xf(x,t)) + K\frac{\partial^2}{\partial x^2}f(x,t)$ の解であることを確認し,緩和時間 τ を問題のパラメータで表せ.

従属変換の他の重要な適用は,例 6.2 で議論される.

例 6.2 例 6.1 で議論された問題を再び考え,粒子が吸収境界条件を持つ区間 $[-L/2, L/2]$ にいる残存確率 $P_L(t) = \int_{-L/2}^{L/2} p(x,t)\, dx$ を求めよう.今は,従属の方法を適用する.ここで,全ての計算をラプラス変換されたもので行うと便利である.そして,一番最後に逆変換で実時間に戻す.この議論での結果は,第 9 章で極めて重要になる.

粒子の位置の確率密度関数は，非整数階の拡散方程式 (6.20)

$$\frac{\partial p(x,t)}{\partial t} = K_{\alpha_0} D_x^{1-\alpha} \frac{\partial^2}{\partial x^2} p(x,t)$$

で与えられる．ここで，境界条件は，$p(-L/2,t) = p(L/2,t) = 0$ である．粒子の初期位置は，この区間に一様に分布している．つまり，$p(x,0) = \frac{1}{L} = $ 一定である．

まず最初に，式 (6.20) に対応する普通の拡散方程式

$$\frac{\partial f(x,t)}{\partial t} = K \frac{\partial^2}{\partial x^2} f(x,t) \tag{6.25}$$

を同じ初期条件，同じ境界条件の下で解く．式 (6.25) の両辺のラプラス変換を考えると，通常の線形な微分方程式

$$s f(x,s) - \frac{1}{L} = \frac{d^2}{dx^2} K f(x,s) \tag{6.26}$$

が得られる．これは，簡単に積分できる．具体的には通常，同次方程式の一般解 $A \exp\left(\sqrt{\frac{s}{K}} x\right) + B \exp\left(-\sqrt{\frac{s}{K}} x\right)$ と特殊解 $1/sL$ の和として解を仮定すれば，計算できる．境界条件 $f(-L/2,s) = f(L/2,s) = 0$ を満たす式 (6.26) の解は，

$$f(x,s) = \frac{1}{Ls} \left[1 - \frac{\cosh\left(\sqrt{\frac{s}{K}} x\right)}{\cosh\left(\sqrt{\frac{s}{K}} \frac{L}{2}\right)} \right]$$

となる．この解を区間 $[-L/2, L/2]$ で積分すれば，

$$\tilde{\Phi}(s) = \int_{-L/2}^{L/2} f(x,s) \, dx = \frac{1}{s} - \frac{2\sqrt{K}}{Ls^{3/2}} \tanh\left(\sqrt{\frac{s}{K}} \frac{L}{2}\right) \tag{6.27}$$

が得られる．今，式 (6.22) は，知られた公式

$$\tanh\frac{\pi x}{2} = \frac{4x}{\pi} \sum_{k=0}^{\infty} \frac{1}{(2k+1)^2 + x^2}$$

を用いれば（文献 [6] の式 1.421.2 を参照），式 (6.27) より得ることができる．つまり，

$$\tilde{\Phi}(s) = \frac{1}{s} - \frac{2\sqrt{K}}{Ls^{3/2}} \tanh\left(\sqrt{\frac{s}{K}} \frac{L}{2}\right) = \frac{1}{s} - \frac{1}{s}\frac{8}{\pi^2} \sum_{m=0}^{\infty} \frac{1}{(2m+1)^2 + \frac{s}{K}\frac{L^2}{\pi^2}} \tag{6.28}$$

が得られる．

108　第 6 章　遅い拡散に対する非整数階拡散方程式とフォッカー・プランク方程式

演習問題 6.8　式 (6.28) の逆ラプラス変換は，式 (6.22) となることを示せ．

ヒント：式 (6.28) の級数のそれぞれの項は指数関数に対応しており，前にある $1/s$ は指数関数の時間に関する積分を表している．$\sum_{m=0}^{\infty} \frac{1}{(2m+1)^2} = \frac{\pi^2}{8}$ に注意せよ．

　非整数階での場合への変換は，式 (6.27) か式 (6.28) の段階で実行することができる．この場合の残存確率 $\Phi(t)$ と通常の場合での残存確率 $\tilde{\Phi}(t)$ は，ラプラス変換された空間で式 (5.24) と同じように，

$$\Phi(s) = \frac{1}{sM(s)} \tilde{\Phi}\left(\frac{1}{M(s)}\right) = \frac{1}{s^{1-\alpha}} \tilde{\Phi}(s^\alpha)$$

で結ばれている．式 (6.28) にこれを用いて，演習問題 6.8 と同じやり方をすれば，

$$\Phi(t) = \sum_{m=1}^{\infty} \frac{8}{\pi^2(2m+1)^2} E_\alpha\left(-\frac{\pi^2(2m+1)^2}{L^2}Kt^\alpha\right) \tag{6.29}$$

が得られる．また，式 (6.22) に対して，従属の積分公式を単に用いることもできる．この確認は，読者に委ねる．

演習問題 6.9　式 (6.22) へ従属の積分公式を適用することにより，$\Phi(t)$ に対する結果（演習問題 6.6）を求めよ．

参考文献

[1] K. Oldham and J. Spanier. *The Fractional Calculus*, New York: Academic Press, 1974

[2] K.S. Miller and B. Ross. *An Introduction to the Fractional Calculus and Fractional Differential Equations*, New York: John Wiley and Sons, Inc., 1993

[3] I. Podlubny. *Fractional Differential Equations*, New York: Academic Press, 1999

[4] I.M. Sokolov and J. Klafter. *Phys. Rev. Lett.* **97**, 140602 (2006).

[5] L.E. Gendenshtein and I.V. Krive. *Uspekhi Fiz. Nauk.* **146**, 553 (1985)（英語版：*Sov. Phys. Usp.* **28** (8), 645 (1985)）

参考文献　109

[6]　I.S. Gradstein and I.M. Ryzhik. *Table of Integrals, Series and Products*, Boston; Academic Press, 1994

さらなる参考書

I.M. Sokolov, J. Klafter, and A. Blumen. "Fractional Kinetics," *Physics Today*, November 2002, p. 48

R. Metzler and J. Klafter. *Phys. Reports* **339**, 1 (2000)

H. Risken. *The Fokker-Planck Equation*, 2nd Edition, Berlin: Springer, 1996

B.J. West, M. Bologna, and P. Grigolini. *Physics of Fractal Operators*, New York: Springer, 2003

第7章

レヴィフライト

"Either you'll find something solid to stand on or you'll be taught how to fly."
（君はよって立つ確固たるものを見つけるのか，はたまた空の飛び方を教えてもらうのか.）

Richard Bach（リチャード・バック）

　各ステップでの平均2乗変位が発散するランダムウォークのいくつかの例を1.6節で考えたが，それ以降の章では，大部分においてモーメントが存在するランダムウォークを扱ってきた．ここでは，いわゆる，レヴィフライト（Lévy flights）と呼ばれる，モーメントが発散するような過程を考え，少し詳しく議論する．

　すでに見たように，ステップの長さの分布が指数 $0 < \alpha \leq 2$ のベキ分布 $p(x) \propto \frac{A}{|x|^{1+\alpha}}$ に従う対称なランダムウォークでは，$n \gg 1$ ステップ後の変位の分布の特性関数は，$f(k) = \exp(-a|k|^{\alpha})$ という形になる．ここで，a はある定数である．以下，この分布のより一般的な場合を考える．このようなランダムウォークの各ステップでの変位の様子は図 7.1 に示されている．

7.1　レヴィ分布の一般形

　裾の重いベキ的な確率密度関数

$$p(x) \cong \begin{cases} \dfrac{A_+}{x^{1+\alpha}} & (x \to \infty) \\[2mm] \dfrac{A_-}{(-x)^{1+\alpha}} & (x \to -\infty) \end{cases} \tag{7.1}$$

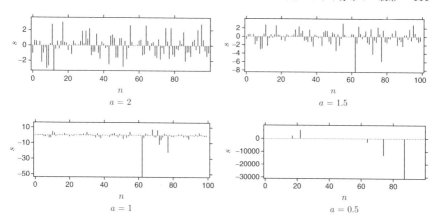

図 7.1 指数が $\alpha = 2$（ガウス分布），1.5（ホルツマーク分布），1.0（コーシー分布），0.5 であるレヴィ分布に従う対称なランダムウォークの最初の 100 ステップの増分 s_n の様子．スケールが大きく異なっていることに注意する．また，α が小さいと，全体的な過程は，稀だが非常に大きいイベントに支配されることにも注意する．

によって特徴付けられるより一般的な非対称なランダムウォークを考えよう．ここで，この累積分布は，

$$x^\alpha [1 - F(x)] \to \frac{A_+}{\alpha} \quad (x \to \infty),$$
$$(-x)^\alpha F(x) \to \frac{A_-}{\alpha} \quad (x \to -\infty) \tag{7.2}$$

のように振る舞う．裾の重いベキ的な分布を持つ独立な確率変数の和の特性関数の一般形は，次のようになる．

$$f_{\alpha,\beta,\mu,\sigma}(k) = \exp\left(-\sigma^\alpha |k|^\alpha (1 - i\beta\omega(k, \alpha) \operatorname{sign}(k)) + i\mu k\right). \tag{7.3}$$

ここで，

$$\omega(k, \alpha) \cong \begin{cases} \tan \dfrac{\pi\alpha}{2} & (\alpha \neq 1) \\ -\dfrac{2}{\pi} \ln |k| & (\alpha = 1). \end{cases}$$

式 (7.3) は，四つのパラメーターを持つ関数 $L_{\alpha,\beta,\mu,\sigma}(x)$ に対応しており，そのパラメーターは，レヴィ指数 $\alpha \in [0, 2]$，歪度パラメーター（非対称性）$\beta \in [-1, 1]$，スケールパラメーター（分布の幅）$\sigma > 0$ とシフトパラメーター μ である．最後の二つのパラメーターは，$L_{\alpha,\beta,\mu,\sigma}(x) = L_{\alpha,\beta,0,1}\left(\frac{x-\mu}{\sigma}\right)$ となるように標準化され

た変数 $y = \frac{x-\mu}{\sigma}$ を考えることにより，取り除くことができる．以下，μ と σ の値は，$\mu = 0$ と $\sigma = 1$ とおく．そして，$L_{\alpha,\beta}(x)$ という表記を用いる．確率密度関数 $L_{\alpha,\beta}(x)$ と $L_{\alpha,-\beta}(x)$ は，原点に関して対称，つまり，$L_{\alpha,\beta}(x) = L_{\alpha,-\beta}(-x)$ である．レヴィ分布のパラメーター β は，定数 A_+ と A_- を用いて，$\beta = \frac{A_+ - A_-}{A_+ + A_-}$ と表現できる．

演習問題 7.1　レヴィ分布のパラメーター β は，$\beta = \frac{A_+ - A_-}{A_+ + A_-}$ によって与えられることを示せ．ここで，A_+ と A_- は，式 (7.1) によって定義されている．

ヒント：関数 $p(x)$ を偶関数と奇関数の和，$p(x) = \frac{p(x) + p(-x)}{2} + \frac{p(x) - p(-x)}{2}$ として表し，式 (1.13) と類似の手法を用いる．

式 (7.3) の特性関数は，次のように異なる形で表すことができる．

$$f(k) = \exp\left(-\frac{1}{\cos(\pi\alpha/2)} \, |k|^\alpha \, e^{-i\pi\gamma \, \mathrm{sign}(k)/2} \right).$$

ここで，$(\alpha \neq 1$ であり）$\mathrm{sign}(k) = k/|k|$ は k の符号であり，新しいパラメーター γ は，

$$\tan\frac{\pi\gamma}{2} = \beta \tan\frac{\pi\alpha}{2} \tag{7.4}$$

という条件によって導入されている（$0 < \alpha < 1$ に対して，$0 \leq |\gamma| \leq \alpha$ となり，$1 < \alpha < 2$ に対して，$0 \leq |\gamma| \leq 2 - \alpha$ となることに注意する）[1]．

指数 $0 < \alpha < 1$ かつ $\beta = 1$ の片側分布は，特性関数が

$$f_{\alpha,\beta}(k) = \exp\left(-|k|^\alpha \left(1 - i\tan\frac{\pi\alpha}{2} \, \mathrm{sign}(k) \right) \right) \tag{7.5}$$

---

[1] これはまた，フェラー [1] が好む形である．彼は，また，係数 $\cos\frac{\pi\alpha}{2}$ を省略し，$f(k) = \exp\left(-|k|^\alpha e^{i\pi\gamma \, \mathrm{sign}(k)/2} \right)$ と書く．この形は，スケールパラメーターだけ標準的な形と異なっている．この関数の逆フーリエ変換を $L(x; \alpha, \gamma)$ によって表すと，式 (7.3) で与えられた β を用いて $L(x; \alpha, \gamma) = L_{\alpha,\beta}\left(\frac{x}{\cos(\pi\alpha/2)} \right)$ となる．この表記は，級数展開を得るのに特に便利である．つまり，

$$L(x; \alpha, \gamma) = \frac{1}{\pi x} \sum_{k=1}^{\infty} \frac{\Gamma(k\alpha + 1)}{k!} (-x^{-\alpha})^k \sin\left(\frac{\kappa\pi(\gamma - \alpha)}{2} \right) \quad (0 < \alpha < 1),$$

または，

$$L(x; \alpha, \gamma) = \frac{1}{\pi x} \sum_{k=1}^{\infty} \frac{\Gamma(k/\alpha + 1)}{k!} (-x)^k \sin\left(\frac{\kappa\pi(\gamma - \alpha)}{2\alpha} \right) \quad (1 < \alpha < 2)$$

となる．二つの展開は，$x > 0$ で正しく．$x < 0$ では，$L(-x; \alpha, \gamma) = L(x; \alpha, -\gamma)$ となることに注意しなくてはならない．

であり，正の半直線上で定義されたものである．ここで，フーリエ表現からラプラス表現に変えた方が便利である．

演習問題 7.2 $L_{\alpha,1}(x)$ のラプラス変換は，

$$\hat{L}\{L_{\alpha,1}(x)\} = \int_0^\infty e^{-sx} L_{\alpha,1}(x)\, dx = \exp\left(-\frac{s^\alpha}{\cos(\pi\alpha/2)}\right) \qquad (7.6)$$

となることを示せ．

ヒント：複素平面上で積分を実行せよ．

片側レヴィ分布 $L_{\alpha,1}(x)$ の原点付近での振る舞いは，

$$L_{\alpha,1}(x) = C_1 x^{-1-\frac{1}{2}\frac{\alpha}{1-\alpha}} \exp\left(-\frac{C_2}{x^{\frac{\alpha}{1-\alpha}}}\right) \qquad (7.7)$$

となる．ここで，$C_1 = \dfrac{\alpha^{\frac{1}{2(1-\alpha)}}\left(\cos\frac{\pi\alpha}{2}\right)^{-\frac{1}{2(1-\alpha)}}}{\sqrt{2\pi(1-\alpha)}}$ かつ $C_2 = (1-\alpha)\alpha^{\frac{\alpha}{1-\alpha}}\left(\cos\frac{\pi\alpha}{2}\right)^{-\frac{1}{1-\alpha}}$ である．

演習問題 7.3 式 (7.7) を証明せよ．

ヒント：式 (7.7) から式 (7.6) へと逆向きに示した方が簡単である．$x \to 0$ は，ラプラス空間では $s \to \infty$ に対応することに注意せよ．

レヴィ・スミルノフ分布（$\alpha = 1/2$）では，式 (7.7) は，x の全ての領域の分布を与えている．

　一般的には，レヴィ分布は，よく知られた特殊関数の異なる族を形成している．文献 [2] で示しているように，有理数の指数 α に対するレヴィ分布は，一般化された超幾何関数によって表すことができる．それらの分布のいくつかは，ガウス分布，コーシー分布，ホルツマーク分布，または，レヴィ・スミルノフ分布といった特別な名前を持っている．そして，それらのいくつかは，基礎的な，もしくは，単純な特殊関数によって表された解析的な形になっている（表 7.1 を参照）．図 7.2 にガウス分布，ホルツマーク分布，そして，コーシー分布や指数 $\alpha = 1/2$ の対称なレヴィ分布が示されている．図 7.3 は，指数 $\alpha = 3/2$ と $\alpha = 1/2$ の非対称な確率密度関数を与えている．

　確率密度関数の形は，対称な分布の場合，特性関数 $f(k) = \exp(-|k|^\alpha)$ の逆フー

114 第7章 レヴィフライト

表 7.1 いくつかの有理数 α に対する特別なレヴィ分布

α	β	名前	解析的な表現
2	任意	ガウス分布	$\dfrac{1}{\sqrt{2\pi}} \exp\left(-\dfrac{x^2}{2}\right)$
3/2	0	ホルツマーク分布	–
1	0	コーシー分布	$\dfrac{1}{\pi}\dfrac{1}{1+x^2}$
2/3	0	–	$\sqrt{\dfrac{3}{\pi}}\dfrac{1}{6x}\exp\left(\dfrac{2}{27x^2}\right)W_{-\frac{1}{2},\frac{1}{6}}\left(\dfrac{4}{27x^2}\right)$
1/2	0	–	$\sqrt{\dfrac{2}{\pi x}}\left\{\cos\left(\dfrac{1}{4x}\right)\left[1-2C\left(\dfrac{1}{\sqrt{2\pi x}}\right)\right]\right.$ $\left.+\sin\left(\dfrac{1}{4x}\right)\left[1-2S\left(\dfrac{1}{\sqrt{2\pi x}}\right)\right]\right\}$
1/2	1	レヴィ-スミルノフ分布	$\dfrac{1}{\sqrt{2\pi x^3}}\exp\left(-\dfrac{1}{2x}\right)$
1/3	1	–	$\dfrac{1}{\pi}\left(\dfrac{2}{3^{7/6}x}\right)K_{1/3}\left(\dfrac{2^{5/2}}{3^{9/4}\sqrt{x}}\right)$

リエ変換に対応し，非対称な場合，$f(u) = \exp\left(-\frac{u^\alpha}{\cos(\pi\alpha/2)}\right)$ の逆ラプラス変換に対応している．ここで，$K_\nu(x)$ は，修正されたベッセル関数であり，$C(x) = \int_0^x \cos\left(\pi u^2/2\right) du$ であり，$S(x) = \int_0^x \sin\left(\pi u^2/2\right) du$ はフレネル積分，$W_{a,b}(x)$ はホイッテーカー関数である [2]．ロンメル関数を伴う幾分複雑な表現は，指数 $\alpha = 1/3$ の対称なレヴィ分布のときに存在する [2]．

---

[2] $L_{2/3,0}(x)$ に対する結果は，1954 年にゾロタリョフによって初めて導出されたが，誤値を含んでいた．文献でよく再現されたが，誤値が発見され，48 年後に修正されてからは使われることはなくなった [2]．

7.1 レヴィ分布の一般形　115

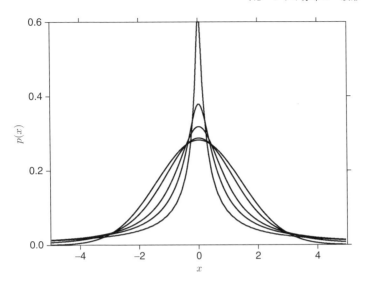

図 7.2 指数 $\alpha = 0.5$, $\alpha = 0.75$, $\alpha = 1$ (コーシー分布), $\alpha = 1.5$ (ホルツマーク分布), そして, $\alpha = 2$ (ガウス分布) の対称なレヴィ分布の確率密度関数；指数が小さくなると, 分布の頂点は, 鋭く, 高くなる. 全ての確率密度関数は, 特性関数 $f(k) = \exp(-|k|^\alpha)$ の数値的な逆変換によって簡単に得ることができる.

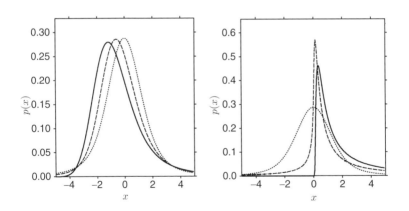

図 7.3 歪んだレヴィ分布. 左側の分布は, $\alpha = 1.5$ の"ホルツマーク族"のいくつかを示している. 点線は, 対称な分布 ($\beta = 0$) を示しており, 破線は $\beta = 0.5$, 実線は $\beta = 1$ に対応している. 右側は, $\alpha = 0.5$ の"スミルノフ族"のいくつかを示している. β の値は, 左側のものと同じである. $\beta = 1$ の分布は, 右半面に集中していることに注意せよ.

7.2 レヴィフライトに対する空間に関する非整数階の拡散方程式

レヴィフライトは，非整数階の拡散方程式（fractional diffusion equation）の言語で記述することができる．裾の重い分布を持つ連続時間ランダムウォークとは異なり，レヴィフライトは，時間ではなく空間の非整数階微分を持っている．

対称なフライトの場合のみに注目しよう．以下，時間に関して連続的に取り扱う．つまり，ステップ数 n を時間 t へ変更する（例えば，待ち時間分布は指数分布や他の幅の狭い分布であると仮定し，平均待ち時間 τ によって時間は $t = \tau n$ のように表される）．対応する方程式を得るには，第1章で議論したことに従い，

$$p_{n+\Delta n}(x) = \int_{-\infty}^{\infty} p_n(y) p_{\Delta n}(x - y) \, dy$$

が成立することに注意すれば十分である．ここで，$p_n(y)$ は，n ステップ後のランダムウォーカーの位置の確率密度関数であり，$\Delta n \ll n$ である．連続時間では，対応する方程式は，

$$p(x, t + \Delta t) = \int_{-\infty}^{\infty} p(y, t) p(x - y, \Delta t) \, dy \tag{7.8}$$

という形になる．

1ステップでの変位の分布がレヴィ分布によって与えられると仮定する．その特性関数は $f(k) = \exp(-\sigma^\alpha |k|^\alpha)$ となり，$p_{\Delta n}(x)$ の特性関数は $f_{\Delta n}(k) = \exp(-\Delta n \sigma^\alpha |k|^\alpha)$，また，$p_{\Delta t}(x)$ の特性関数は $f(k, \Delta t) = \exp\left(-\Delta t \frac{\sigma^\alpha}{\tau} |k|^\alpha\right)$ となる．式 (7.8) のフーリエ変換を実行すると，

$$p(k, t + \Delta t) = p(k, t) f(k, \Delta t) = p(k, t) \exp\left(-\Delta t \frac{\sigma^\alpha}{\tau} |k|^\alpha\right)$$

が得られる．小さな k の極限をとり，指数関数を展開すると，

$$p(k, t + \Delta t) = p(k, t) - \Delta t \frac{\sigma^\alpha}{\tau} |k|^\alpha p(k, t)$$

となり，

$$\frac{d}{dt} p(k, t) \cong \frac{p(k, t + \Delta t) - p(k, t)}{\Delta t} = -\frac{\sigma^\alpha}{\tau} |k|^\alpha p(k, t) \tag{7.9}$$

が得られる．この方程式の右辺は，リース（対称なワイル）微分のフーリエ表現に他ならない．ここで，これを $\frac{d^\alpha}{d|x|^\alpha}$ で表記する．式 (7.9) は，

$$\frac{\partial}{\partial t}p(x,t) \cong \frac{\sigma^\alpha}{\tau}\frac{\partial^\alpha}{\partial|x|^\alpha}p(x,t) \tag{7.10}$$

となる．係数 $\frac{\sigma^\alpha}{\tau}$ は，一般化された拡散係数の役割を果たしている．

関数 $f(x)$ のリース‐ワイル微分（Riesz-Weyl derivative）は，$\alpha \neq 1$ に対して，二つのワイル微分の和として，次のように定義される．

$$\frac{d^\alpha}{d|x|^\alpha}f(x) = -\frac{1}{2\cos(\pi\alpha/2)}\left[{}_{-\infty}D_x^\alpha + {}_xD_\infty^\alpha\right]f(x). \tag{7.11}$$

実際に，${}_{-\infty}D_x^\alpha f(x)$ のフーリエ変換が $(ik)^\alpha f(k)$ となり（第 6 章を参照），${}_xD_\infty^\alpha f(x)$ のフーリエ変換が $(-ik)^\alpha f(k)$ となることに注意すれば，式 (7.11) で与えられる組合せは，フーリエ変換で表された式 (7.9) を与える．

$\alpha = 1$ のときの演算子 $\frac{d}{d|x|}f(x)$ は，次のようにヒルベルト変換と関係している．

$$\frac{d}{d|x|} = -\frac{d}{dx}\hat{H}f(x) = -\frac{d}{dx}\frac{1}{\pi}\int_{-\infty}^{\infty}\frac{f(x')\,dx'}{x-x'}.$$

レヴィフライトにおける外場を考えるとき，興味深い疑問が生じる．外場を導入する最も簡単な方法は，単純に力 $f(x,t)$ に比例するドリフトが生じると仮定することである．つまり，二つの独立な過程としてジャンプと決定論的な変位が並行して実行されると考える．この場合，ランダムウォーカーの位置の確率密度関数に対しては，以下の一般化されたフォッカー‐プランク方程式が得られる．

$$\frac{\partial}{\partial t}p(x,t) \cong K_\alpha\frac{\partial^\alpha}{\partial|x|^\alpha}p(x,t) - \mu\frac{d}{dx}\left(f(x,t)p(x,t)\right). \tag{7.12}$$

式 (7.12) は，レヴィ的なジャンプが決定論的な系[3] の外部の摂動として考えられるとき，いくつかの現実的な状況を記述できる．

方程式 (7.12) は，熱平衡を記述していない．例えば，ポテンシャル $U(x)$ に制限され，外場 $f(x) = -\mathrm{grad}\,U(x)$ が作用している粒子の定常分布はボルツマン分布にはならない．

---

[3] このような方程式の定性的な議論（例えば，演習問題 7.5 を参照）において，大きな x に対して，非整数階微分 $\frac{\partial^\alpha}{\partial|x|^\alpha}p(x)$ は，任意の確率密度関数 $p(x)$ に対して $|x|^{-1-\alpha}$ のように振る舞うことに注意することは有用である．これを見るには，フーリエ表現で $p(k \to 0) = 1$ に注目して，逆フーリエ変換をすればよい．

118　第7章　レヴィフライト

これは，演習問題 7.4 を使えば，簡単に確認できる．

演習問題 7.4　ポテンシャルが $U(x) = \kappa x^2/2$ である式 (7.12) の定常分布，つまり，方程式

$$K_\alpha \frac{\partial^\alpha}{\partial |x|^\alpha} p(x) + \mu\kappa \frac{d}{dx}(xp(x)) = 0$$

の解を求めよ．$p(x)$ は，指数 α の対称なレヴィ分布であることを示し，スケーリングパラメーター σ を K_α と κ と μ の関数で表せ．

ヒント：方程式をフーリエ変換する．フーリエ変換の下では，$xf(x)$ は，$-i\frac{d}{dk}f(k)$ に対応している．

式 (7.12) の面白い性質は，一つの井戸しかないポテンシャルであっても定常解が複数の山を持つ可能性があることである．例えば，4 次のポテンシャルで $\alpha = 1$ に対するかなり奇妙な解析解がある．つまり，方程式

$$\frac{\partial^1}{\partial |x|^1} p(x) + \frac{d}{dx}\left(x^3 p(x)\right) = 0 \tag{7.13}$$

の解（最初の項に対するリース - ワイル非整数階微分は，1 階微分ではないことに注意）は，

$$p(x) = \frac{1}{\pi(1 - x^2 + x^4)}$$

となる．

演習問題 7.5　4 次のポテンシャル $U(x) = \kappa x^4/4$ 中のコーシー・レヴィフライトに対する式 (7.12) の定常解を考えよ．つまり，方程式

$$K_\alpha \frac{\partial^1}{\partial |x|^1} p(x) + \mu\kappa \frac{d}{dx}\left(x^3 p(x)\right) = 0$$

の解を求めよ．

ヒント：$p(x)$ は，有限の 1 次モーメントを持たなければならないことに注意せよ．方程式を無次元化，つまり，式 (7.13) を用いる．方程式をフーリエ変換する．フーリエ表現での解が $p(k) = \frac{2}{\sqrt{3}} \exp(-|k|/2) \cos\left(\sqrt{3}|k|/2 - \pi/6\right)$ となることを示し，逆変換を実行する．$p(x)$ のパラメーターは，どのように K_α や κ や μ に依存するか？

ここで導入した外場の入れ方は、唯一のものではなく、いくつかの他の一般化されたものが、異なった状況においては提案されている。いくつかは、通常の平衡下での奇妙なダイナミクスを記述するのに便利である [3].

7.3 飛び越え

$n = 0$ で $x = 0$ が始まる 1 次元のレヴィフライトでターゲットが $x = d > 0$ にある状況を考えよう。我々は、初通過時間 $n(d)$ （任意の $0 \leq m < n$ に対して、$x_n > d$ かつ $x_m < d$）と初通過での飛び越え（leapover）$l(d) = x_n - d$ に興味がある。ここで、n は、初めてターゲットに到着、または、横切るときのステップ数である（図 7.4 を参照）．

片側のレヴィフライトの場合、この問題は、連続時間ランダムウォークのときと同じように、時刻 t までにちょうど n 回ジャンプする確率 $\chi_n(t)$ を計算することに等しい（ここでは、d が時間の役割になる）．したがって、演習問題 3.7 の結果を適用すると、

$$p_d(n) \approx \frac{d}{\alpha a} n^{-\frac{1}{\alpha}-1} L_\alpha\left(\frac{d}{a\, n^{1/\alpha}}\right)$$

となる。ここで、a は特徴的なステップの長さである．

> **演習問題 7.6** $\alpha = 1/2$ の場合、対応する分布は片側のガウス分布（正の領域に限定されたガウス分布）になることを示せ．

初通過での飛び越えの大きさの確率密度関数は、十分大きな l_d に対して、

$$p(l_d) = \frac{\sin(\pi\alpha)}{\pi} \frac{d^\alpha}{l_d^\alpha (d + l_d)} \cong \frac{1}{l_d^{1+\alpha}}$$

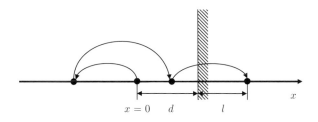

図 **7.4** 飛び越えの定義．

となる．この確率密度関数は，裾の重い待ち時間分布（式 (4.8)）を持つ連続時間ランダムウォークにおける前方待ち時間分布と類似している（空間の分布である）．この場合，飛び越えの長さの分布は，漸近的にはジャンプの長さの分布と同じものになる．

　対称なレヴィフライトの状況は幾分直感を裏切ることになる．この場合，初通過時間は，第 2 章で議論した揺動理論に従い，$p(n(d)) \propto n^{-3/2}$ のように振る舞う．飛び越え長の確率密度関数は，

$$p(l_d) = \frac{\sin(\pi\alpha/2)}{\pi} \frac{d^{\alpha/2}}{l_d^{\alpha/2}(d+l_d)} \cong \frac{1}{l_d^{1+\alpha/2}}$$

のように振る舞い，大きな l に対して，

$$p(l) \propto l^{-1-\alpha/2}$$

となる（文献 [4] を参照）．初通過の飛び越え長の分布の裾は，フライトの長さの分布のそれよりももっとゆっくりと減衰することに注意したい（文献 [5] を参照）．文献 [4] で使われた手法は，第 2 章の揺動理論の議論で使われたものとほとんど同じである．離散時間での出発となる方程式は [4]，

$$p_n(x) = p_n^-(x) + \sum_{m=1}^{n} \int_d^{\infty} p_m^+(y) p_{n-m}(x-y)\, dy \tag{7.14}$$

となる．この表記は，第 2 章で使われたものに従っている．ここでは，$p_n^-(x)$ は，それまでに $x > d$ の半面を訪れていないランダムウォーカーが n ステップ後に位置 x にいる確率密度であり，$p_n^+(x)$ は，n ステップ目で位置 $x < d$ から $x > d$ へ横切るときの位置 x の確率密度である．この方程式は，n ステップ後で $x < d$ の半面にずっといて位置 x にいるか，最初の m ステップ目で初めて $x < d$ の半面から離れ位置 y に到着し，その後の $n-m$ ステップで x に到着することを意味している．飛び越え長の分布は，$p(l) = \sum_{m=1}^{\infty} p_m^+(l)$ で与えられる．p^+ と p^- の関数の性質に基づいて行う解析的な手法は，第 2 章のものよりも幾分複雑であり，ここでは再現しない．

---

[4] 文献 [4] は，連続時間を用い，我々の表記では，

$$p(x,t) = p^-(x,t) + \int_0^t \int_d^{\infty} p^+(y,t') p(x-y, t-t')\, dy dt'$$

という方程式から出発している．ここで，この表記は，変数 t が n の代わりに使われている点を除き，式 (7.14) と同じである．

7.4 レヴィ分布のシミュレーション

　我々は，レヴィ分布がランダムウォークにおいていかに重要になるかを見てきた．たびたび，レヴィフライトを厳密に（ベキ分布に従う確率変数の和の極限としてではなく）シミュレーションしたいことがある．本節では，これを行うためのレシピを与える．

　任意の確率変数の生成は，区間 $[0,1]$ に一様分布している確率変数 y を用いて行われる．この一様分布に従う確率変数を生成するための，よく知られた検証済みの乱数生成機は数多くある [6]．異なる確率分布に従う確率変数は，対応する累積分布関数 $F(x) = \int_{-\infty}^{x} p(x')\,dx'$ が逆関数 $F^{-1}(y)$ を持つ場合，簡単に生成することができる．実際，変数 $x = F^{-1}(y)$ は，確率密度関数 $p(x)$ を持つ．これを見るためには，確率分布における変数変換の公式 $p(x) = p(y(x)) \left| \frac{dy}{dx} \right|$ と $p(y(x)) = 1$ かつ $dy/dx = \frac{1}{dx/dy} = p(x)$ という事実に注意すればよい．具体的に，指数分布に従う確率変数を生成するには，$p(x) = e^{-x}$（$F(x) = 1 - e^{-x}$ かつ $F^{-1}(y) = -\ln(1-y)$）であるので，一様分布の確率変数 $y \in [0,1]$ を生成させ，$x = -\ln y$ と変換させればよい（変数 y と $1-y$ は同じ分布を持つ）．

　しかしながら，一様分布からレヴィ分布への直接的な変換では，その累積分布関数が，典型的には，かなりの次数までの和のベキ級数展開の形で記述されるべきであるため，うまくいかない．しかし，ガウス分布を生成する有名なボックス‐ミュラー法の一般化に基づく他のやり方で，レヴィ分布を持つ確率変数を生成させることができる．

7.4.1　ガウス分布を生成させるボックス‐ミュラー法

　ボックスとミュラーの考えは，二つの変数 x_1 と x_2 の同時変換を考えたことである．二つの変換された変数

$$
\begin{aligned}
z_1 &= \sqrt{-2\ln x_1}\cos(2\pi x_2), \\
z_2 &= \sqrt{-2\ln x_1}\sin(2\pi x_2)
\end{aligned}
\tag{7.15}
$$

を考えよう．x_1 と x_2 の方程式の解を求めると，

$$x_1 = \exp\left[-\left(z_1^2 + z_2^2\right)/2\right],$$
$$x_2 = \frac{1}{2\pi}\arctan\left(\frac{z_2}{z_1}\right)$$

となる．変数 x_1 と x_2 は，全ての $-\infty < z_1, z_2 < \infty$ に対して定義され，区間 $0 < x_1, x_2 < 1$ に存在している．変換のヤコビアンは，

$$J = \frac{\partial(x_1, x_2)}{\partial(z_1, z_2)} = \begin{pmatrix} \partial x_1/\partial z_1 & \partial x_1/\partial z_2 \\ \partial x_2/\partial z_1 & \partial x_2/\partial z_2 \end{pmatrix} = -\frac{1}{\sqrt{2\pi}}e^{-z_1^2/2} \cdot \frac{1}{\sqrt{2\pi}}e^{-z_2^2/2}$$

となり，同時確率密度関数は，

$$p(z_1, z_2) = p\left[x_1(z_1, z_2), x_2(z_1, z_2)\right]\left|\frac{\partial(x_1, x_2)}{\partial(z_1, z_2)}\right| = \frac{1}{\sqrt{2\pi}}e^{-z_1^2/2} \cdot \frac{1}{\sqrt{2\pi}}e^{-z_2^2/2}$$

となる．これは，変数 x_1 と x_2 が独立な一様分布を持つ確率変数（$0 < x_1 < 1$, $0 < x_2 < 1$ に対して，$p[x_1(z_1, z_2), x_2(z_1, z_2)] = 1$ となり，それ以外でゼロ）ならば，二つの独立なガウス分布を持つ確率変数に対応している．基本的には，これらの両方または一方がシミュレーションで用いられる．また，変数 $W = -\ln x_1$ は，指数分布 $p(u) - e^{-u}$ に従う非負の確率変数であることに注意する．したがって，ボックス・ミュラーのアルゴリズムの記述を以下のように少し修正する．

- 確率変数 V を $(-\pi/2, \pi/2)$ 上の一様分布に従うように生成する．
- 平均 1 の指数分布に従う確率変数 W を生成する．
- $X = \sqrt{2W}\sin V$ を計算する．

変数 X は，分散 1，平均ゼロのガウス分布に従う確率変数である．

演習問題 7.7　x_1 と x_2 が区間 $[0,1]$ 上の一様な確率変数であるときの確率変数 $Z = \sqrt{-2\ln x_1}\sin(2\pi x_2)$ と，区間 $(-\pi/2, \pi/2)$ 上の一様な確率変数 V と確率密度関数が $P(W) = e^{-W}$ である $[0, \infty)$ 上の確率変数 W によって与えられる $X = \sqrt{2W}\sin V$ は，同じ確率密度関数を持つことを示せ．

7.4.2　レヴィ分布

レヴィ分布に従う確率変数は，ガウス分布に従う確率変数の非線形な変換を通して得られる．よって，ボックス・ミュラー法と似たやり方で生成できる [7–9]．この結果の導出は，対応する分布関数の積分表現に基づいている．この積分表現

は，ゾロタリョフ (1983) [10] によって記述されるように複素平面でうまく周回積分を行うことで特性関数の逆フーリエ変換を実行することにより得られるが，あまりに専門的な内容であるので，ここでその詳細は議論しない．したがって，ここで積分表現の導出は行わず，読者には原著論文を参照にこの幾分面倒な計算を追っていただきたい．

ここで，二つのレシピを紹介する．一つは任意の対称なレヴィ分布に対して適用可能な単純なもの，もう一つは一般的なものである．二つ目のものは一般的ではあるが，$\alpha = 1$ の非対称な分布，つまり，コーシー分布の族の非対称な全ての分布に対しては，適用できない．

対称な分布

- 区間 $(-\pi/2 , \pi/2)$ 上の一様な確率変数 V を生成する．
- 平均 1 の指数分布に従う確率変数 W を生成する．
-
$$X = \frac{\sin(\alpha V)}{[\cos V]^{1/\alpha}} \left\{ \frac{\cos[(1-\alpha)V]}{W} \right\}^{\frac{1-\alpha}{\alpha}}$$
を計算する．

確率 X は，位置パラメーターがゼロでスケールパラメーターが 1 である対称なレヴィ分布 $L_{\alpha,0}(x)$ に従う確率変数である．これは，まさに図 7.1 のデータを生成させるときに用いたものである．

$\alpha \neq 1$ である非対称な分布

- $A = \arctan[\beta \tan(\pi\alpha/2)]$ と補助のための二つの値
$$C = A/\alpha$$
$$D = [\cos A]^{-1/\alpha}$$
を計算する．
- 区間 $(-\pi/2 , \pi/2)$ 上の一様な確率変数 V を生成させる．
- 平均 1 の指数分布を持つ確率変数 W を生成させる．
-
$$X = D\frac{\sin[\alpha(V+C)]}{[\cos V]^{1/\alpha}} \left\{ \frac{\cos[V - \alpha(V+C)]}{W} \right\}^{\frac{1-\alpha}{\alpha}} \tag{7.16}$$

124 第 7 章 レヴィフライト

を計算する. 変数 X は, 位置パラメーターがゼロでスケールパラメーターが 1 であるレヴィ分布 $L_{\alpha,\beta}(x)$ に従う確率変数になる.

$\alpha = 1$ のとき, A の値は発散することに注意する. したがって, このアプローチは, $\alpha = 1$ のときの非対称な確率変数を生成するレシピにはなっていない. $\alpha = 1$ かつ $\beta \neq 0$ のときにうまく行く手法はわかっていない.

> **演習問題 7.8** 式 (7.16) は, $\alpha = 2$ でかつ任意の β のときにボックス・ミュラー法になっていることを示せ (ガウス分布のスケールパラメーターはその分散より $\sqrt{2}$ 倍だけ小さい).

参考文献

[1] W. Feller. *An Introduction to Probability Theory and Its Applications*, New York: Wiley 1971 (関連した内容はこの本の第 XVII 章で議論されている)

[2] T. Garoni and N. Frankel. *J. Math. Phys.* **43**, 2670 (2002)

[3] D. Brockmann and I.M. Sokolov. *Chem. Phys.* **284**, 409 (2002)

[4] D. Ray. *Trans. Amer. Math. Soc.* **89**, issue 1, pp. 16–24 (1958)

[5] A.V. Chechkin, R. Metzler, V.Y. Gonchar, J. Klafter, and L.V. Tanatarov. *Journal of Physics A*, Vol. 36, pp. L537–44 (2003)

[6] W.H. Press, S.A. Teukolsky, W.T. Vetterling, and B.P. Flannery. *Numerical Recipes: The Art of Scientific Computing*, 3rd edition, Cambridge: Cambridge University Press, 2007

[7] J.M. Chambers, C.L. Mallows, and B. Stuck. *J. Amer. Statist. Assoc.* **71**, 340–44 (1976)

[8] A. Janicki and A. Weron. *Mathematics and Computers in Simulation* **39**, 9–19 (1995)

[9] R. Weron. *Statistics and Probability Letters*, **28**, 2, 165–71 (1996)

[10] V. Zolotarev. *One-Dimensional Stable distributions*, Providence, RI: American Math. Soc., 1986

さらなる参考書

S. Redner. *A Guide to First-Passage Processes*, Cambridge: Cambridge University Press, 2001

第8章

待ち時間とジャンプが相関を持った連続時間ランダムウォークとレヴィウォーク

"Time is the longest distance between two places."
（時間というものは，2か所の間の最長距離だ．）

Tennessee Williams（テネシー・ウィリアムズ）

第7章で議論したように，レヴィフライトは，全てのスケールにおいてその特性が引き伸ばされている速い拡散を示すランダムウォークの興味深い過程の例を与えている．しかしながら，このような過程は，物理的にはかなり稀にしか実現されない．この理由は，生粋のレヴィフライトでは，変位の2次モーメントが発散するからである．そのため，安定分布は数学ではかなり前から導入されていたが，物理への応用は遅れていた．例えば，ここでは指数 $\alpha = 2/3$ のレヴィフライトと呼ばれている過程は，等方的な乱流におけるトレーサーの拡散のモデルとして，1955年にモナンにより考えられてきた（文献 [1] を参照）．しかしながら，2次モーメントの発散のため，その当時から，対応する理論は大きなスケールでの分散を適切に捉えていなかった．本章では，ジャンプの長さとそれを実行するのにかかる時間を結びつけることにより時間と空間が相関を持ったランダムウォークを考え，2次モーメントの発散の問題を回避するやり方を議論する．これは，時空間が相関を持ったした最も有名なモデルの一つであるレヴィウォーク（Lévy walk）を生む．本章では1次元で表記するが，座標 x はベクトルとしても考えることができる．

8.1 時間と空間がカップルした連続時間ランダムウォーク

第1章で議論したように，ステップの長さの確率密度関数が裾の重い安定分布

$$p(x) \propto \frac{1}{|x|^{1+\alpha}}, \quad 0 < \alpha < 2 \tag{8.1}$$

であるランダムウォークでは，2次モーメントが発散する．つまり，$\langle x^2 \rangle \to \infty$ となる．これらの単純なランダムウォークでは，ステップを完了するのにかかる時間を考慮していない．この時間的な側面を無視したことにより，このような過程を記述するのに障害が出てくる．ステップにかかる時間とステップの長さ（空間）に相関がない，つまり，$\psi(x,t) = p(x)\psi(t)$ の場合には，ランダムウォーカーの振る舞いは次のように簡単に見ることができる．この場合（時間と空間に相関がない場合），第3章で見たように，フーリエ - ラプラス空間では，式 (3.10) に従い，

$$P(k,s) = \frac{1-\psi(s)}{s} \frac{1}{1-p(k)\psi(s)} \tag{8.2}$$

となる．$p(x)$ が式 (8.1) で与えられ，$\psi(t) \propto t^{-1-\beta}$ かつ $0 < \beta < 1$ である場合，$p(k) \propto 1 - |k|^\alpha$ であり，$\psi(s) \propto 1 - s^\beta$ となるので，

$$P(k,s) = \frac{s^{\beta-1}}{s^\beta + k^\alpha}$$

となる．よって，2次モーメントは依然として発散している．ステップを完了するための時間がステップの長さに依存していない場合，ステップ長のベキ的な振る舞いが支配的になり，任意の時間 t で平均2乗変位は発散している．

平均2乗変位の発散は，長いステップのときには，ステップを完了する時間が長くなる，つまり，時空間のカップリング（space-time coupling）を導入することにより回避できる．

$$\psi(x,t) = p(x)f(t|x). \tag{8.3}$$

ここで，$f(t|x)$ は，ステップの長さが x である条件の下で，ステップを完了するのにかかる時間が t になる条件付き確率である [2, 3]．

式 (8.3) と同値な表現として，ステップの長さに注目するのではなく，あるターニングポイントから他のターニングポイントへ行くのに必要な時間に注目するやり方がある．具体的には，

$$\psi(x,t) = \psi(t)\phi(x|t) \tag{8.4}$$

128　第 8 章　待ち時間とジャンプが相関を持った連続時間ランダムウォークとレヴィウォーク

のように記述される．ここで，$\psi(t)$ はステップを完了するのに必要とされる時間の確率密度関数であり，$\phi(x|t)$ はステップが完了するのにかかった時間が t であるという条件の下でステップの長さが x である条件付き確率である．

　ここでの目標は，時空間のカップリングを考慮したランダムウォークにおいてウォーカーの位置の確率密度関数に対する方程式を得ることである．$\eta(x,t)$ を時刻 t でステップが完了したときにちょうど位置 x に到着する確率密度関数とする．この位置は，次のような再帰的な関係式により与えられる．

$$\eta(x,t) = \int dx' \int dt'\, \eta(x',t')\psi(x-x',t-t') + \delta(t)\delta(x). \tag{8.5}$$

右辺の第 1 項は，時刻 $t' < t$ に最後に完了したステップが起こり，位置 x' に到着し，その後，時刻 t でステップが起こり，それにより x' から x へ動く（このステップにかかった時間は $t-t'$ である）．第 2 項は，初期条件に対応している．つまり，時刻 $t=0$ でのステップの大きさはゼロである．フーリエ‐ラプラス表現では，式 (8.5) は次のように簡単な形になる．

$$\eta(k,s) = \eta(k,s)\psi(k,s) + 1.$$

この解は，

$$\eta(k,s) = \frac{1}{1-\psi(k,s)} \tag{8.6}$$

となる．最後のステップが時刻 $t_1 < t$ に完了し，位置 y に到着したランダムウォーカーが時刻 t で位置 x にいる状況を考えよう．$\Psi(x,t)$ をまだ最後のステップが完了していない間のランダムウォーカーの位置を特徴付ける確率密度関数とする（図 8.1 の最後の直線を見よ）．

　時刻 t でのウォーカーの位置の確率密度関数は，

$$P(x,t) = \int dx' \int dt'\, \eta(x',t')\Psi(x-x',t-t')$$

となる．フーリエ‐ラプラス表現では，

$$P(k,s) = \eta(k,s)\Psi(k,s) \tag{8.7}$$

となり，式 (8.6) と (8.7) を用いれば，

$$P(k,s) = \frac{\Psi(k,s)}{1-\psi(k,s)} \tag{8.8}$$

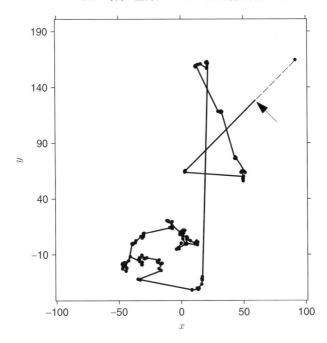

図 8.1 レヴィウォークの軌跡(実線).ターニングポイントを点で示している.ターニングポイント間の距離は,裾の重い分布に従っている(ここでは,コーシー分布を用いている).軌跡は,ターニングポイントを迎える前の時刻 t で終わっている.軌跡が終了した点は,矢印で示されている.

となる.$\Psi(x,t)$ の形は,考えている過程(モデル)に依存する.

単純な例として,ジャンプが瞬間的に起こり,ジャンプとジャンプの間の時間が待ち時間分布,つまり,$\psi(t) = \int_{-\infty}^{\infty} \psi(x,t)\,dx$ で与えられる状況を考えよう.ステップ長と時間の同時確率は,$\psi(x,t) = \psi(t)\phi(x|t)$ で与えられる.この場合,最後のまだ完了していないステップは,本質的には,粒子の動きに寄与しない(止まっている).よって,

$$\Psi(x,t) = \delta(x) \int_{t}^{\infty} \psi(t')\,dt', \tag{8.9}$$

$$\Psi(k,s) = \Psi(s) = \frac{1-\psi(s)}{s} \tag{8.10}$$

130 第 8 章 待ち時間とジャンプが相関を持った連続時間ランダムウォークとレヴィウォーク

となり，位置の確率密度関数のフーリエ‐ラプラス表現は次のようになる．

$$P(k,s) = \frac{1-\psi(s)}{s}\frac{1}{1-\psi(k,s)}. \tag{8.11}$$

　待ち時間とジャンプが相関を持ったランダムウォークに対する主要な結果は，時刻 t にウォーカーが位置 $\mathbf{r}$ にいる確率密度関数のフーリエ‐ラプラス変換が

$$P(\mathbf{k},u) = \frac{\Psi(\mathbf{k},s)}{1-\psi(\mathbf{k},s)}$$

で与えられることである．ここで，$\psi(\mathbf{x},t)$ はステップの長さと待ち時間の同時確率であり，$\Psi(\mathbf{x},t)$ は最後のまだ完了していないステップでの変位を特徴づける確率密度関数である．

例 8.1　$\psi(t)$ が $\psi(t) \propto t^{-1-\beta}$ で与えられ（小さな s に対するラプラス変換は $\psi(s) \cong 1-as^\beta$ で与えられる，つまり，$\beta < 1$ である），ステップの長さがそのときの待ち時間に比例する，つまり，$\phi(x|t) = \frac{1}{2}[\delta(x-ct)+\delta(x+ct)]$ という状況を考えよう．ここで，c は速度の次元を持つ一定値であり，

$$\psi(x,t) \propto \frac{1}{2}\delta(|x|-ct)\psi(t) \tag{8.12}$$

となる．$\psi(x,t)$ のフーリエ‐ラプラス変換は，次のようになる．

$$\begin{aligned}
\psi(k,s) &= \frac{1}{2}\int e^{ikx-st}\left[\delta(-x-ct)+\delta(x-ct)\right]\psi(t)\,dxdt \\
&= \frac{1}{2}\left[\int e^{-(s+ick)t}\psi(t)\,dt + \int e^{-(s-ick)t}\psi(t)\,dt\right] \\
&= \frac{1}{2}\left[\tilde{\psi}(s+ick)+\tilde{\psi}(s-ick)\right] \equiv Re\tilde{\psi}(s+ick).
\end{aligned} \tag{8.13}$$

この過程における平均 2 乗変位を計算しよう．固定された s に対して，$P(k,s)$ の $k \to 0$ での振る舞いに興味があるので，

$$\psi(k,s) \cong 1 - \frac{1}{2}\left[a(s+ick)^\beta + a(s-ick)^\beta\right] = 1 - as^\beta - \frac{ac^2}{2}\beta(1-\beta)k^2s^{\beta-2}$$

を式 (8.11) に代入すれば，

$$P(k,s) = \frac{s}{s^2+b^2k^2} \tag{8.14}$$

となる．ここで，$b^2 = \beta(1-\beta)c^2/2$ である．平均 2 乗変位は，$\langle x^2(t) \rangle \cong b^2 t^2$ で
与えられ，ランダムウォークを行っているにも関わらず，バリスティックな（弾
道的な）振る舞いになっている．ここで，b^2 の値は常に c^2 より小さい．式 (8.14)
のフーリエ - ラプラス変換は簡単に実行でき，ウォーカーの位置の確率密度関数
を粗視化した形は，

$$P(x,t) = \frac{1}{2} \left[\delta(x - bt) + \delta(x + bt) \right]$$

のようになる．これは，波が二つの異なる方向に速さ c ではなく b で動いている
ことを意味している．

演習問題 8.1　$\psi(x,t) \propto \delta(|x| - t^{\nu})\psi(t)$ かつ小さな $k \to 0$ と s で $\psi(t) \propto t^{-1-\alpha}$ となるレヴィウォークにおける $\psi(k,s)$ のフーリエ - ラプラス変換を計算せよ．ここで，$0 < \alpha < 1$ と $1 < \alpha < 2$ で振る舞いは異なったものになる．

ヒント：式 (8.3) を変形せよ．

例 8.2　時空間のカップリングを考慮したランダムウォークの他の例として，

$$\phi(x|t) = \frac{1}{\sqrt{2\pi D(t)}} \exp\left(-\frac{x^2}{2D(t)}\right)$$

がある．ここで，$D(t) \propto t^m$ であり $m > \alpha$ である．この場合，平均 2 乗変位は，

$$\langle x^2(t) \rangle \propto t^m \tag{8.15}$$

となる．

演習問題 8.2　式 (8.15) の結果を導出せよ．

ヒント：まず最初に $\Psi(k,s)$ を計算せよ．

8.2　レヴィウォーク

　ここで，前節のモデルと密接に関係しているが異なるモデルを考えよう．この
モデルでは，ターニングポイントの間でランダムウォーカーは一定の速度 v で動
いている（図 8.1 を参照）．

132　第 8 章　待ち時間とジャンプが相関を持った連続時間ランダムウォークとレヴィウォーク

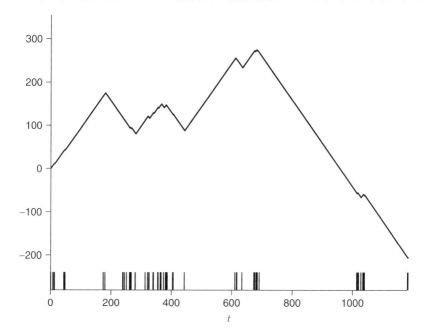

図 8.2　図 3.3 における連続時間ランダムウォークで実現された待ち時間と全く同じものを用いた 1 次元のレヴィウォークの軌跡（ターニングポイントにおける時間は下部のバーコードで示されている）．

以下，図 8.2 に描かれているように 1 次元の状況を考える．前のモデルと同様に，

$$\psi(x,t) \propto \frac{1}{2}\delta(|x| - vt)\psi(t) \tag{8.16}$$

となる．ここで，$\psi(t)$ は一方向的な直線運動を行っている時間の確率密度関数である．さらに，$\psi(t)$ は指数 $0 < \alpha < 2$ を持つベキ分布 $\psi(t) \propto t^{-1-\alpha}$ に従うと仮定する．この確率過程は，レヴィフライトで訪れたターニングポイントの間を一定速度で動くランダムウォーカーの運動として視覚化される．

$\psi(x,t)$ の表現は，（少なくとも $0 < \alpha < 1$ に対しては）前のものと同じであるので，$\psi(k,s)$ を得るのと同じやり方を用いることができる．二つの過程の違いは，$\Psi(x,t)$ の違いから生じており，これは，

$$\Psi(x,t) = \frac{1}{2}\delta(|x| - t)\int_t^\infty \psi(t')\,dt' \tag{8.17}$$

で与えられる（式 (8.9) と比較せよ）．これから，$P(k,s)$ はより複雑な形になる．式 (8.13) を導くやり方と同様にして，$\Psi(k,s)$ は

$$\Psi(k,s) = Re\tilde{\Psi}(s+ivk) \tag{8.18}$$

と書くことができる．ここで，$\tilde{\Psi}(s) = [1-\psi(s)]/s$ である．

ベキ的な待ち時間分布を持つレヴィウォークを考える前に，待ち時間分布 $\psi(t)$ が指数分布である状況を考えよう．これは，弾道的な（バリスティック）運動と拡散的な振る舞いとのクロスオーバーを示す例としてたびたび現れる．

演習問題 8.3　式 (8.16) と (8.17) で記述され，待ち時間分布が指数分布 $\psi(t) = \tau^{-1}\exp(-t/\tau)$ であり，待ち時間とジャンプが相関を持ったランダムウォークを考えよ．このとき，ランダムウォーカーの位置の確率密度関数は次の電信方程式を満たすことを示せ．

$$c^2 \frac{\partial^2}{\partial x^2}P(x,t) = \frac{\partial^2}{\partial t^2}P(x,t) + \gamma\frac{\partial}{\partial t}P(x,t).$$

またパラメーター c と γ の値を求め，対応する初期条件を定義せよ．

ヒント：式 (8.8) で与えられるフーリエ・ラプラス変換された確率密度関数の結果とフーリエ・ラプラス空間における電信方程式の一般解を比較せよ．

レヴィウォークを考えるとき，二つの場合 $0<\alpha<1$ と $1<\alpha<2$ を区別しなければいけない．まず，平均 2 乗変位に注目しよう．$0<\alpha<1$ で s を固定し，$k\to 0$ の状況では，

$$P(k,s) = \frac{1}{s}\frac{s^\alpha - d_1^2 k^2 s^{\alpha-2}}{s^\alpha + b_1^2 k^2 s^{\alpha-2}} \tag{8.19}$$

となる．ここで，$b_1^2 = \alpha(1-\alpha)v^2/2$ と $d_1^2 = (\alpha-1)(\alpha-2)v^2/2$ であり，これは，弾道的な振る舞い

$$\langle x^2(t)\rangle \cong V^2 t^2 \tag{8.20}$$

を与える．ここで，特徴的な速さは $V^2 = (1-\alpha)v^2 < v^2$ となる．

レヴィウォークは，時空間でカップルしたランダムウォークモデルであり，

$$\psi(x,t) \propto \frac{1}{2}\delta(|x|-vt)\psi(t)$$

と

$$\Psi(x,t) = \frac{1}{2}\delta(|x| - t) \int_t^\infty \psi(t')\, dt'$$

で特徴付けられる．そして，$\psi(t)$ は，指数 $0 < \alpha \le 2$ を持つベキ分布 $\psi(t) \propto t^{-1-\alpha}$ で与えられる．

$1 < \alpha < 2$ での振る舞いは，非常に異なっており，興味深い．$1 < \alpha < 2$ では，待ち時間分布 $\psi(t)$ は，1次モーメント $\tau_1 = \langle t \rangle = \int_0^\infty t\psi(t)\, dt$ が存在するので，$\psi(s) \cong 1 - \tau_1 s - c_1 s^\alpha$ となる．ここで，c_1 は一定値である．さらに，

$$\psi(k,s) \cong 1 - \tau_1 s - \frac{1}{2}\left[c_1(s + ivk)^\alpha + c_1(s - ivk)^\alpha\right]$$

$$= 1 - \tau_1 s - c_1 s^\alpha - \frac{c_1 v^2}{2}\alpha(\alpha-1)k^2 s^{\alpha-2}. \tag{8.21}$$

小さな s に対して，3番目の項は2番目と比べると無視できる．$\Psi(k,s)$ は，

$$\Psi(k,s) \cong \tau_1 + \frac{1}{2}\left[c_1(s + ick)^{\alpha-1} + c_1(s - ick)^{\alpha-1}\right]$$

$$= \tau_1 + c_1 s^{\alpha-1} - \frac{c_1 v^2}{2}(\alpha-1)(\alpha-2)k^2 s^{\alpha-3} \tag{8.22}$$

となる．ここで，2番目の項は1番目の項に比べると無視できる．よって，

$$P(k,s) = \frac{1}{s}\frac{\tau_1 + d_2^2 k^2 s^{\alpha-2}}{\tau_1 + b_2^2 k^2 s^{\alpha-2}} \tag{8.23}$$

となり，平均2乗変位は

$$\langle x^2(t) \rangle = (\text{定数}) \cdot t^{3-\alpha} \tag{8.24}$$

のようになる．この結果は，通常の拡散（$\alpha > 2$）とバリスティックな場合（$\alpha < 1$）とを結び付けている．中間的な場合 $\alpha = 1$ と $\alpha = 2$ では，対数関数的な補正が入る（次の網囲みを参照）．

演習問題 8.4　$\alpha > 2$ では，レヴィウォークは通常の拡散過程となる．指数 $\alpha > 2$ であるベキ分布 $\psi(t) \propto t^{-1-\alpha}$ では，平均2乗変位は $\langle x^2(t) \rangle \propto t$ のように振る舞うことを示せ．

演習問題 8.5　$\alpha = 1$ と $\alpha = 2$ のときのレヴィウォークの平均2乗変位を計算せよ．これらの場合，対数関数的な補正が入ることを示せ．

レヴィウォークにおける平均2乗変位は,

$$\langle x^2(t) \rangle \propto \begin{cases} t^2 & (0 < \alpha < 1) \\ t^2/\ln t & (\alpha = 1) \\ t^{3-\alpha} & (1 < \alpha < 2) \\ t \ln t & (\alpha = 2) \\ t & (2 < \alpha) \end{cases}$$

のようになる.

ここで使われた近似(sを一定として,小さなkで展開)は平均2乗変位に対する正しい結果を与えるが,プロパゲーター,特に,中心部分を得るには十分なものではないことに注意したい.正確なプロパゲーターを得ることは非常に難しい.

プロパゲーター $P(x,t)$ の形もまた $0 < \alpha < 1$ と $1 < \alpha < 2$ で大きく異なっている.両方の場合で,区間 $-vt \leq x \leq vt$ の外側で $P(x,t)$ は当然消えている.$0 < \alpha < 1$ では,この区間の内側では,中心で最小値をとり,区間の端点で非有界(積分は可能)となる確率密度関数になる.$\alpha = 1/2$ に対しては,この振る舞いは,いわゆる,逆正弦定理と呼ばれるよく知られた,次の解析的な形になっている.

$$P(x,t) = \frac{1}{\pi} \frac{1}{\sqrt{v^2 t^2 - x^2}} \tag{8.25}$$

("逆正弦"という用語は,対応する累積分布関数 $F(x,t) = \int_{-vt}^{x} P(x,t)\,dx$ が逆正弦関数になることからきている).

式 (8.25) を得るには,式 (8.19) で与えられた近似とは異なる展開を $P(k,s)$ に対して行わなければならない.つまり,$vk \ll s$ という仮定をおくことは許されない.式 (8.8) と (8.18) から,

$$P(k,s) = \frac{(s+ivk)^{-1/2} + (s-ivk)^{-1/2}}{(s+ivk)^{1/2} + (s-ivk)^{1/2}} = \frac{1}{\sqrt{s^2 + v^2 k^2}} \tag{8.26}$$

となり,逆フーリエ変換により,

$$P(x,s) = \frac{1}{2v} K_0\left(\frac{x}{v}s\right) \tag{8.27}$$

が得られる.ここで,$K_0(z)$ は変形ベッセル関数である.逆ラプラス変換により,式 (8.25) が得られる.

この分布関数の全体の振る舞いは以下のように記述される．時間単位を τ_1，つまり，$\tilde{t} = t/\tau_1$，長さ単位を $v\tau_1$，つまり，$\tilde{x} = x/v\tau_1$ とした，スケーリングし直した変数を導入する．この分布は三つの異なる部分からなる．

- 中心部分，$-\tilde{t}^{1/\alpha} < \tilde{x} < \tilde{t}^{1/\alpha}$ では，振る舞いはガウス的である．つまり，$P(\tilde{x}, \tilde{t}) \cong \tilde{t}^{-1/\alpha} \exp\left[-(定数) \cdot \frac{\tilde{x}^2}{\tilde{t}^{2/\alpha}}\right]$ となる．これは，観測までに何回も運動の方向を変えた粒子による寄与に対応している．
- 側面では，分布はレヴィフライトに典型的に見られるベキ的なものに従う．$\tilde{t}^{1/\alpha} < |\tilde{x}| < \tilde{t}$ では，分布は，漸近的には $P(\tilde{x}, \tilde{t}) \cong \tilde{t}/|\tilde{x}|^{1+\alpha}$ のようになる．
- ちょうど $|\tilde{x}| = \tilde{t}$ では，分布は二つの δ 関数的なピークを持ち，そのピーク値は，$P(\tilde{x}, \tilde{t}) \cong \tilde{t}^{1-\alpha} \delta(|\tilde{x}| - \tilde{t})$ のように減衰する．これは，すべての時間で一度も方向を変えず，一方向に一定の速さで動いている粒子による寄与である．したがって，これらの δ 関数による寄与は，通常の連続時間ランダムウォークにおける変位の分布における中心部分（ここは，時刻 t までに一度も動かない粒子の寄与を示している）と類似性がある．

例 8.3 分離された流れの中の輸送，つまり，二つのプレートが逆向きに動いている流体の流れ（せん断流）を考えよ．もし（水のような）ニュートン流体を考えるならば，速度場は線形になる（図 8.3 を見よ）．

もしケチャップのせん断流を考えるならば，その速度場は非常に異なったもの

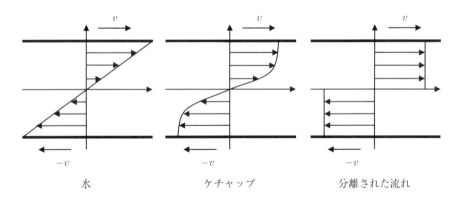

図 8.3 異なる流体中の速度分布．一番右の分離された流れの図において，垂直方向を拡散する粒子に対して水平方向の運動を見るとレヴィウォークに対応している．

になる．ケチャップのような多くの複雑流体はシアシニングを起こす．すなわち，それらの粘性は，強い速度勾配を持ちながら減衰する．ケチャップの速度場は，図8.3 の中央に示されたようなものになる．この速度場をステップ関数で近似しよう．つまり，流れの速度は，$y > 0$ で $v = v_0$ となり，$y < 0$ で $v = -v_0$ となる．ここで，動く流体中でランダムウォーク（ブラウン運動）を行う粒子を考えよう．この粒子は，上側にいるときには右向きに動き，下側にいるときには左向きに進む．単純のため，時刻 $t = 0$ で $x = y = 0$ にいるとする．長時間では，決定論的なドリフトに比べて，x 方向の拡散は無視できる．ゼロ面を横切るまでの時間，粒子は一定速度 $v = \pm v_0$ で動いている．直線的な運動の持続期間は，$y = 0$ への再起時間で記述され，第 2 章で議論したように，$\psi(t) \propto t^{-3/2}$ で与えられる．よって，この状況は，まさに $\alpha = 1/2$ のレヴィウォークに対応している．

8.3 休憩を伴うレヴィウォーク

レヴィウォークにおいて，ターニングポイントで粒子がある期間動かないような状況を考えることができる．このような状況の物理的な例は，本節の最後で議論する．この新しい確率過程は，第 3 章で出てきた連続時間ランダムウォークとレヴィウォークを組み合わせる必要がある．レヴィウォークを特徴付ける $\psi(x,t)$ と $\Psi(x,t)$（式 (8.16) と (8.17)）だけでなく，ターニングポイントでの休憩時間の分布を導入する必要がある．この確率密度関数を $\psi_r(t)$ とする．時刻 t までターニングポイントから離れない確率は，（式 (8.10) と同じように）$\Psi_r(t) = \int_t^\infty \psi_r(t')\,dt'$ で与えられる．休憩と一定速度での運動は，交互に現れるので，

$$P(x,t) = \Psi(x,t) + \int_0^t \psi(x,t')\Psi_r(t-t')\,dt'$$
$$+ \int_{-\infty}^{\infty} dx' \int_0^\infty dt' \int_0^{t'} dt''\, \psi(x',t'')\psi_r(t'-t'')\Psi(x-x',t-t') + \cdots \tag{8.28}$$

となる．ここで，最初の項は，1 回の運動で時刻 t に位置 x にたどり着く確率を意味している．2 番目の項は，時刻 t より早い時間に x に到達し，時刻 t まで休んでいる確率である．3 番目の項は，一度休憩し，また動き出して x に到達する確率である．フーリエ - ラプラス変換を行い，偶数と奇数項（休憩期間と運動期間で終わる項に対応）で分けて和をとれば，

138　第8章　待ち時間とジャンプが相関を持った連続時間ランダムウォークとレヴィウォーク

$$P(k,s) = \frac{\Psi(k,s) + \Psi_r(s)\psi(k,s)}{1 - \psi_r(s)\psi(k,s)} \tag{8.29}$$

を得る．ここで，対応する待ち時間の確率密度関数が $\psi(t) \propto t^{-1-\alpha}$ と $\psi_r(t) \propto t^{-1-\gamma}$ で与えられる状況を考えよう．平均2乗変位は，$\langle x^2(t) \rangle \propto t^\zeta$ という形になり，その指数は，

$$\zeta = \begin{cases} 2 + \min\{\gamma, \alpha\} - \alpha & (0 < \alpha < 1) \\ 2 + \min\{\gamma, 1\} - \min\{2, \alpha\} & (1 < \alpha) \end{cases} \tag{8.30}$$

で与えられる．$1 < \alpha < 2$ では，特に，

$$\langle x^2(t) \rangle \propto \begin{cases} t^{2+\gamma-\alpha} & (0 < \gamma < 1) \\ t^{3-\alpha} & (1 < \gamma) \end{cases} \tag{8.31}$$

となる．最初の場合（$0 < \gamma < 1$），レヴィウォークにおける弾道的な運動と局所的な休憩との競争は，二つの効果を埋めあわせることができる．つまり，平均2乗変位は単純な拡散的な振る舞いになるときがある．2番目の場合，休憩なしのレヴィウォークの結果が再現される（平均2乗変位のスケーリングには影響はなくその係数にだけ影響を与える）．

休憩を伴うレヴィウォークは，回転する環帯におけるトレーサー粒子を使って調べた流れの実験をよく記述している [4]．全体のセットアップは，剛体として回転している．流れは，底部の穴を通って流体をポンプで駆動することにより生成される．流れは，渦とジェットからなる．図8.4（左側）は，異なる条件下での流れの中のトレーサーの軌跡を示している [5]．個々の粒子は，渦の中にトラップされ，ジェットの中で長い距離を動くということを交互に繰り返す．粒子の角度座標が実験で測定すると，その軌跡はジェットの中での長い動きと渦の中での休憩からなる1次元の運動になっていることがわかる（図8.3の運動と比較せよ）．

これらの実験結果は，式 (8.31) の2番目の場合でうまく記述されている．

ハミルトン系（Hamiltonian system）もまたレヴィウォークが自然に生じるような他の物理的な状況を与える．休憩を伴うレヴィウォークを導く例（再び式 (8.31)の2番目の場合でここでは2次元）は，文献 [4] で議論されたように，"エッグクレイト"ポテンシャル

$$V(x,y) = A + B(\cos x + \sin y) + C \cos x \cos y \tag{8.32}$$

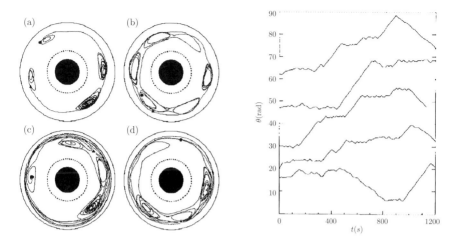

図 8.4 左図：典型的な軌跡．それぞれの軌跡の始まりは丸，終わりは三角で印付けられている．右図：五つの軌跡に対する粒子の角度座標が時間の関数で示されている（図 8.2 を参照）．トレーサー粒子の振動は，渦の中でのトラップに対応し，斜線はフライトに対応している [5].

における摩擦のない粒子の運動である．このハミルトニアンモデル（パラメーター $A = 2.5$, $B = 1.5$, $C = 0.5$）は，エネルギー E が 2 と 4.5 の間にあるときに促進された（速い）拡散を導く．典型的な軌道は，図 8.5 に示されている．この場合，粒子の変位の確率密度関数の形は，図 8.6 に示されている（文献 [6] から引用）．

ハミルトン系は，カオスが出現し始める際の幅広いパラメーター領域で，相空間上でレヴィウォークに従うような軌跡を与える豊富な例を与えている [7]．また，レヴィウォークのいくつかの特徴は，摩擦のある系でも観測される [8]．そこでは，対応する振る舞いは，中間領域の挙動に従う．

140　第 8 章　待ち時間とジャンプが相関を持った連続時間ランダムウォークとレヴィウォーク

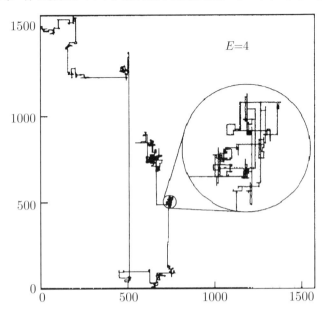

図 8.5　"エッグクレイト"ポテンシャル（式 (8.32)）における粒子の運動の典型的な 2 次元の軌跡 $\mathbf{r}(t)$ （$t = 10^5$）．

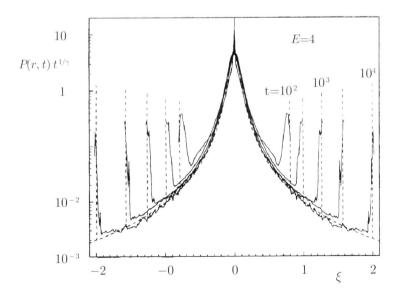

図 8.6　"エッグクレイト"ポテンシャルにおける粒子の運動に対する数値計算．破線の中間部分やデルタピークは，レヴィフライト的な振る舞いに対応している [6]．

参考文献

[1] A.S. Monin and A.M. Yaglom. *Statistical Fluid Mechanics*, Vol. 2, Cambridge, MA: MIT Press, 1975

[2] M.F. Shlesinger, J. Klafter, and Y.M. Wong. *Journ. Stat. Phys.* **27**, 499 (1982)

[3] M.F. Shlesinger, B.J. West, and J. Klafter. *Phys. Rev. Lett.* **58**, 1100 (1987)

[4] T.H. Solomon, E.R. Weeks, and H.L. Swinney. *Phys. Rev. Lett.* **71**, 3975 (1993)

[5] T.H. Solomon, E.R. Weeks, and H.L. Swinney. *Physica D* **76**, 70 (1994)

[6] J. Klafter and G. Zumofen. *Phys. Rev. E* **49**, 4873 (1994)

[7] G.M. Zaslavsky. *Phys. Reports* **371**, 461 (2002)

[8] J.M. Sancho, A.M. Lacasta, K. Lindenberg, I.M. Sokolov, and A.H. Romero. *Phys. Rev. Lett.* **92**, 250601 (2004)

第9章

単純な反応：$A + B \rightarrow B$

"He who seeks does not find, but he who does not seek will be found."
（探しているものには見つけられない．しかし，探していない者は見つけられるだろう．）

Franz Kafka（フランツ・カフカ）

　第2章で，異なる格子点に訪れた回数について議論し，この量は化学反応速度において重要な役割を担っていると述べた．ここで，この問題を詳しく議論する．どのような化学反応のメカニズムであろうと，化学反応は，反応する粒子がお互いに（例えば，量子力学的なトンネルによる）相互作用を許すぐらいに近くにいるときにのみに起こる．動かない粒子間の反応（直接的な輸送による反応）は，9.1節で議論される．これは，最も単純な場合になる．反応物質の濃度が低い状況下でたびたび見られるような（より複雑な）場合，反応物質は，作用を及ぼしあうために近くにいなければならない．拡散，つまり，反応物質のランダムウォークは，たびたび，そのような反応を可能にするメカニズムになっている．以下，単純な反応 $A + B \rightarrow B$，つまり，発光で見られるような励起の触媒消光を考える．A は，本質的には，分子の励起状態であり，その励起は，欠陥または他のタイプの動かない分子 B に出会うまで，ある分子から他の分子へ遷移することができる．B と出会うと，励起はなくなる（消光する），つまり，フォトンを放出する．このような状況は，たびたび，トラップと呼ばれる．他の状況では，A が動かず，B が動くときにも起こる．驚くべきことに，これらの二つの状況は，非常に異なっている．最初の場合は，現代の物理化学ではよく知られた反応拡散方程式の言葉

で適切に記述することはできない．この反応では，揺らぎが支配的（fluctuation dominated）であることが問題になっている．揺らぎが支配的な効果は，他の単純な反応，つまり，$A + B \to 0$，$A + B \to 2B$ などに対しても知られている．このような効果は，粒子の統計分布と関係し，混合によりなくなる．これは2次的なものではなく，化学反応の古典的な反応速度論を確立する上で一番重要なものである．しかしながら，混合に関する内容は，本書の範囲を超えたものである．

9.1 配置平均

残存確率の減衰が拡散によるものではない状況から始めよう．つまり，格子点の中でランダムに分布した占有された格子点（アクセプターと呼ぶ）を考え，一つの特別な格子点（原点 $\mathbf{r} = 0$ とする）だけはドナーにより占有されているとする．$t = 0$ では，ドナーは励起状態にいる．そして，ドナーは，あるアクセプター $\mathbf{r}_i$ を直接励起させることにより，励起状態でなくなる．そのような遷移率は，ドナーとアクセプターの距離に依存し，$w(\mathbf{r}_i, \mathbf{0})$ で与えられる．逆の遷移は許されない．アクセプター $\mathbf{r}_i$ が時刻 t まで励起されない確率は，

$$f(t, \mathbf{r}_i, \mathbf{0}) = e^{-tw(\mathbf{r}_i, \mathbf{0})}$$

で与えられ，励起状態にいるドナーの時刻 t までの残存確率は，

$$\Phi(t, \mathbf{r}_0) = \prod_{\mathbf{r}_i \neq \mathbf{0}} \left\{ \sum_j g(j) \left[f(t, \mathbf{r}_i, \mathbf{0}) \right]^j \right\}$$

で与えられる．ここで，$g(j)$ はある与えられた格子点 j がアクセプターとなっている確率である．これは，残存確率の厳密な表現である．

具体例として，ポアソン分布を考えよう．

$$g(j) = \frac{e^{-p} p^j}{j!},$$

$$\Phi(t) = \prod_{\mathbf{r}_i \neq \mathbf{0}} \left\{ \sum_j \frac{e^{-p} p^j}{j!} \left[f(t, \mathbf{r}_i, \mathbf{0}) \right]^j \right\} = \prod_{\mathbf{r}_i \neq \mathbf{0}} \left\{ \sum_j \frac{e^{-p} \left[p f(t, \mathbf{r}_i, \mathbf{0}) \right]^j}{j!} \right\}$$

$$= \prod_{\mathbf{r}_i \neq \mathbf{0}} \left\{ e^{-p} e^{p f(t, \mathbf{r}_i, \mathbf{0})} \right\} = e^{-\sum_{\mathbf{r}_i \neq \mathbf{0}} p} e^{p \sum_{\mathbf{r}_i \neq \mathbf{0}} f(t, \mathbf{r}_i, \mathbf{0})} \tag{9.1}$$

$$= e^{-p \sum_{\mathbf{r}_i \neq \mathbf{0}} [1 - f(t, \mathbf{r}_i, \mathbf{0})]} = e^{-p \sum_{\mathbf{r}_i \neq \mathbf{0}} [1 - f(t, \mathbf{r}_i)]}.$$

144　第 9 章　単純な反応：A + B → B

次に，より現実的な例として，確率 p でアクセプターに占有され，確率 $1 - p$ で何も占有されていないような状況を考えよう．

$$g(j) = (1 - p)\delta_{0,j} + p\delta_{1,j},$$

$$\Phi(t, \mathbf{r}_0) = \prod_{\mathbf{r}_i \neq \mathbf{r}_0} \left\{ 1 - p + pe^{-tw(\mathbf{r}_i)} \right\}. \tag{9.2}$$

演習問題 9.1　$p \ll 1$ のとき，残存確率 $\Phi(t, \mathbf{r}_0)$，式 (9.2) は，$\Phi(t, \mathbf{r}_0) = \exp\left\{ -p \sum_{\mathbf{r}_i \neq \mathbf{r}_0} [1 - \exp(-tw(\mathbf{r}_i))] \right\}$ に近づくことを示せ．これは，式 (9.1) の結果と全く同じである．

ヒント：式 (9.2) の両辺に対数をとる．

9.2　ターゲット問題

ここで，ターゲット問題を考えよう．ターゲット問題では，直接的な励起は起こらず，アクセプターの一つ（ここでは，動くことができ，格子上で独立なランダムウォークを行う）が，ドナーがいる格子点（ターゲット）に訪れたときに消光が起きる．$F_m(\mathbf{r})$ を格子点 $\mathbf{r}$ から出発し，m 回のステップで原点に初めてたどり着く確率とする．さらに，

$$H_n(\mathbf{r}) = \sum_{m=1}^{n} F_m(\mathbf{r}) \tag{9.3}$$

を n ステップ以内で原点へ到着する確率とする．ドナーがいる格子点へたどり着かない確率（残存確率）は，

$$\phi_n(\mathbf{r}) = 1 - H_n(\mathbf{r})$$

となる．9.1 節で行った計算と同じようにすれば，n ステップ後の原点でのドナーの残存確率は，

$$\Phi_n = \prod_{\mathbf{r} \neq \mathbf{0}} \left\{ \sum_j g(j) \left[\phi_n(\mathbf{r}) \right]^j \right\}$$

で与えられる．$g(j)$ をポアソン分布にとれば（これは，2 値の場合における残存確率の近似となっている），

$$\Phi_n = \prod_{\mathbf{r}\neq\mathbf{0}}\left\{\sum_j \frac{e^{-p}}{j!}\,[p\phi_n]^j\right\}$$

$$= \prod_{\mathbf{r}\neq\mathbf{0}}\exp\left[-p+p\phi_n(\mathbf{r})\right] = \exp\left[-p\sum_{\mathbf{r}\neq\mathbf{0}}H_n(\mathbf{r})\right]$$

となる．$H_n(\mathbf{r})$ の定義である式 (9.3) と式 (2.19) を用いれば，$\displaystyle\sum_{\mathbf{r}\neq\mathbf{0}}H_n(\mathbf{r}) = \sum_{m=1}^{n}\sum_{\mathbf{r}\neq\mathbf{0}}F_n(\mathbf{r})$
$= \displaystyle\sum_{m=1}^{n}\Delta_m$ となる．ここで，$\langle S_n\rangle$ の定義である式 (2.18) を用いると，

$$\Phi_n = \exp\left[-p\left(\langle S_n\rangle - 1\right)\right] \tag{9.4}$$

を得る．ここで，すぐに第 2 章で得られた $\langle S_n\rangle$ に対する結果を使うことができ，1 次元の場合，残存確率は次の引き伸ばされた指数分布の形に従うことがわかる．

$$\Phi_n = \exp\left[-p\left(\sqrt{(8/\pi)n} - 1\right)\right]$$

（式 (2.21) を参照）．ただし，3 次元の場合には，次の指数分布に従う．

$$\Phi_n = \exp\left[-p\left(\frac{n}{P(\mathbf{0},1)} - 1\right)\right]$$

（式 (2.24) を参照）．2 次元の場合も同じように見える（対数関数的な補正はたいてい有限のステップ数では観測しにくい）．

上の結果は，位置 $\mathbf{r}$ からスタートし，時刻 t までにドナーがいる格子点に到着しない確率 $\phi(t,\mathbf{r})$ を導入することにより，次のように連続時間に変換できる．

$$\Phi(t) = \prod_{\mathbf{r}\neq\mathbf{0}}\left\{\sum_j g(j)\,[\phi_n(\mathbf{r})]^j\right\} = \exp\left[-p\left(\langle S(t)\rangle - 1\right)\right] \tag{9.5}$$

ここで，$\langle S(t)\rangle$ は，時刻 t までにランダムウォーカーが訪れた異なる格子点数の平均である．このような単純な表現になるのは，異なるアクセプターの緩和が独立であることに起因している．

式 (9.5) を時間で微分すると，残存確率に関する微分方程式が得られる．つまり，

$$\frac{d}{dt}\Phi(t) = -p\frac{d\langle S(t)\rangle}{dt}\exp\left[-p\left(\langle S(t)\rangle - 1\right)\right] = -p\frac{d\langle S(t)\rangle}{dt}\Phi(t).$$

146 第 9 章 単純な反応：A＋B → B

残存確率に独立なドナー A の初期濃度をかけると，B の存在による触媒作用で引き起こされた 1 次反応 A → 0 に関する，次のような古典的な化学反応速度方程式を得る（化学では，触媒は消費されないことがある．つまり，反応を表す方程式の両辺に粒子を表す記号がある．例えば，A＋B → B）．

$$\frac{d}{dt}A(t) = -k(t)A(t).$$

この方程式の右辺の $A(t)$ の係数，つまり，$k(t) = p\langle \dot{S}(t)\rangle$ は，この 1 次反応のレートと関係している．これは，実際に，化学反応速度における反応率とランダムウォークの観測量 $\langle S(t)\rangle$ とを結んでいる．

$\langle S(t)\rangle$ は，第 3 章の方法を $\langle S_n\rangle$ へ適用することにより計算できる．つまり，

$$\langle S(t)\rangle = \sum_{n=0}^{\infty} \langle S_n\rangle \chi_n(t).$$

ここで，$\chi_n(t)$ は，時刻 t までにちょうど n 回ステップする確率である．3 次元では，$\langle S_n\rangle \sim n$ となるので，

$$\langle S(t)\rangle = \sum_{n=0}^{\infty} \frac{n}{P(0,1)} \chi_n(t) = \frac{\langle n(t)\rangle}{P(0,1)}$$

が得られる．ここで，$\langle n(t)\rangle$ は，第 3 章の演習問題 3.3 で定義された時刻 t までに起こしたステップ数の平均値である．平均待ち時間 τ を持つ待ち時間分布に対しては，単純に $\langle n(t)\rangle = t/\tau$ となる．平均を持たない裾の重い分布の場合には，式 (3.22) で与えられるように $\langle n(t)\rangle = \frac{1}{\Gamma(1+\alpha)} \frac{t^{\alpha}}{\tau^{\alpha}}$ となる．1 次元の場合，$\langle S(t)\rangle$ は，$\sqrt{n}$ の平均で定義される．ここで，演習問題 3.8 で議論したように，漸近挙動 $\chi_n(t) \approx \frac{t}{\alpha\tau} n^{-\frac{1}{\alpha}-1} L_\alpha\left(\frac{t}{\tau n^{1/\alpha}}\right)$ を用いることができ，

$$\langle S(t)\rangle \approx \sqrt{\frac{2}{\pi}} \int_0^{\infty} \frac{t}{\alpha\tau} n^{-\frac{1}{\alpha}-\frac{1}{2}} L_\alpha\left(\frac{t}{\tau n^{1/\alpha}}\right) dn = \sqrt{\frac{2}{\pi}} \frac{1}{\Gamma(1+\alpha)} \left(\frac{t}{\tau}\right)^{\frac{\alpha}{2}}$$

を得る（式 (3.27)）．したがって，アクセプターが裾の重い分布を持つ連続時間ランダムウォークを行うならば，すべての次元において（3 次元でも），残存確率は非指数関数（引き伸ばされた指数関数）で減衰する．

9.3 トラップ問題

ここで，どちらかの反応物質（ドナーまたはアクセプター）がランダムウォークを行う（どちらかは動かない）場合，その状況が残存確率 $\Phi(t)$ にどのような影響を及ぼすかを示す．ターゲット問題では，ドナー（ターゲット）が動かず，アクセプターが動いていた．ここでは，逆の状況を考える．つまり，ドナーがランダムウォークを行い，アクセプターは動くことのないトラップとして振る舞う．特に，ドナーが格子上を動き，トラップ（アクセプター）が確率 p で格子点に存在する状況を考える．ウォーカー（ドナー）は，もしそれまでに訪れた S_n 個の異なる格子点がトラップでないならば，n 回のステップで生存している．この確率は，$(1-p)^{S_n-1}$ であり（初期の位置はトラップではないので），ランダムウォークを何度も繰り返すことにより得られる残存確率は，

$$\Phi_n = \left\langle (1-p)^{S_n-1} \right\rangle$$

となる．この表現は，

$$\Phi_n = \left\langle \exp\left[\lambda\left(S_n - 1\right)\right] \right\rangle \tag{9.6}$$

のように書き直すことができる．ここで，$\lambda = \ln(1-p)$ である．$p \ll 1$ では，$\lambda \approx p$ となり，式 (9.6) は，

$$\Phi_n = \left\langle \exp\left[-p\left(S_n - 1\right)\right] \right\rangle \tag{9.7}$$

となる．これをターゲット問題に対応する式 (9.5) と比べる．すると，式 (9.5) は S_n の平均の指数関数であるが，式 (9.6) は指数関数の平均値になっている点が異なっている．したがって，不等式 $\Phi_n^{\text{trapping}} > \Phi_n^{\text{target}}$ が成立する [1]．

指数関数は，（狭義の）凸関数であるので，この不等式（$\langle e^x \rangle \geq e^{\langle x \rangle}$）はイェンセンの不等式から直ちに導かれる．この等号は，δ 関数的な分布 $p(x) = \delta(x - \langle x \rangle)$ の場合のときのみ成立するため，S_n が揺らぐ場合には実現されない．

---

[1] 拡散に律速した化学反応のスモルコフスキー理論では，反応物質 A と B の間の反応率は，それらの拡散性の和だけに依存する [1]．つまり，反応物質のどちらが動き，動かないかには無関係である．本節の議論により，この仮定は簡単に破れることがわかる．

148 第 9 章 単純な反応：A＋B → B

　反応 A＋B → B における A の濃度の減衰は，どちらの粒子が動くかに依存し，ターゲット問題（B が動き，A が動かない）に比べて，トラップ問題（A が動き，B が動かない）の方が遅くなる．

　ここで，式 (9.6) を次のように書き直す．

$$\Phi_n = e^\lambda \left\langle \exp^{-\lambda(S_n-1)} \right\rangle$$
$$= e^\lambda \exp\left[\sum_{j=1}^{\infty} K_{j,n} \frac{(-\lambda)^j}{j!} \right]. \tag{9.8}$$

ここで，$K_{j,n}$ は S_n の「キュムラント」である．キュムラントは $\ln \sum_{S_n=0}^{\infty} e^{-\lambda S_n} p(S_n)$ のテイラー展開の係数として定義される．展開 (9.8) を 2 次の項まで打ち切ると，

$$\Phi_n \approx \exp\left[-\lambda\left(\langle S_n \rangle - 1\right) + \frac{\lambda^2}{2}\sigma_n^2 \right]$$

となる．ここで，$\sigma_n^2 = \langle S_n^2 \rangle - \langle S_n \rangle^2$ は，n ステップでランダムウォーカーが訪れた異なる格子点の数の分散である．ここで，指数関数の第 1 項はターゲット問題における式 (9.5) と同じであることに注意しておく．正の第 2 項は，反応はやがてゆっくりとなることを意味している．σ_n^2 の値は，次元により異なり，次のようになる [2]．

$$\sigma_n^2 \propto \begin{cases} n & \text{（1 次元の場合）} \\ n^2/\ln^4 n & \text{（2 次元の場合）} \\ n\ln n & \text{（3 次元の場合）}. \end{cases}$$

ここで，連続時間ランダムウォークの下でのトラップ問題の議論に戻ろう．最も単純な近似を仮定し，揺らぎの効果を無視する．また，3 次元とする．この場合，$\Phi_n = e^p e^{-p\langle S_n \rangle}$ となる．これは，短い時間（揺らぎの効果により反応が非常にゆっくりとなる前まで）では正しい近似である．連続時間ランダムウォークの下での残存確率は，

$$\Phi(t) \approx e^p \sum_{n=0}^{\infty} e^{-p\langle S_n \rangle} \chi_n(t) = e^p \sum_{n=0}^{\infty} e^{-pan} \chi_n(t)$$

となる。ここで、$a = 1/P(\mathbf{0}, 1)$ は一定値である。ラプラス変換を行い、第3章の結果を用いると、

$$
\begin{aligned}
\Phi(s) &\approx e^p \frac{1-\psi(s)}{s} \sum_{n=0}^{\infty} [e^{pa}\psi(s)]^n \\
&= e^p \frac{1-\psi(s)}{s} \frac{1}{1-e^{pa}\psi(s)}
\end{aligned}
\tag{9.9}
$$

が得られる。

演習問題 9.2　$\psi(t)$ が平均値 τ を持つとき、反応の初期の振る舞いは、p が小さいとき、$\Phi(t) \propto \exp(-pat/\tau)$ によって記述されることを示せ。

裾の重い待ち時間分布の場合には、状況は劇的に変化する。$\psi(s) \cong 1 - s^\alpha$ に対しては、$\Phi(s) = \frac{e^p}{1-e^{pa}}s^{\alpha-1}$ となり、

$$
\Phi(t) \approx \frac{t^{-\alpha}}{pa}
\tag{9.10}
$$

が、$p \ll 1$ に対して得られる。ターゲット問題で見られた引き伸ばされた指数関数的な振る舞いは、トラップ問題ではベキ的な減衰に変化している。残存確率の振る舞いは、時刻 t まで休憩していたランダムウォーカーに強く依存する。

　裾の重い待ち時間分布の場合、A の濃度の減衰は、ターゲット問題では引き伸ばされた指数関数に従い、トラップ問題ではベキ則に従う。

9.4　1次元におけるトラップ問題の化学反応速度の漸近挙動

　1次元におけるトラップ問題は連続近似の下で完全な解を得ることができる。トラップが1次元上に並んでいるときの粒子の残存確率を考えよう。粒子の初期条件はランダムに与えられているが、粒子はどこにいても隣同士のトラップ間に制限されている。ここでの議論では、他のトラップの役割は何もない（図 9.1 を参照）。この区間の中での初期位置の分布は再び一様である。

　6.4 節と 6.5 節では、二つの吸収境界条件を持つ区間内での残存確率が議論され、残存確率は、時間の関数として、式 (6.22) で与えられることがわかった。再掲すると

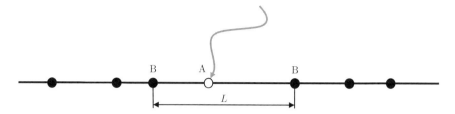

図 9.1 1次元のトラップ問題．新しく導入された粒子 A は，距離 L 離れた粒子 B の間で制限された運動を行う．

$$\Phi(t;L) = \sum_{m=1}^{\infty} \frac{8}{\pi^2(2m+1)^2} \exp\left(-\frac{\pi^2(2m+1)^2}{L^2}Dt\right). \tag{9.11}$$

または，ラプラス空間では，式 (6.27) で与えられる．再掲すると

$$\Phi(s;L) = \frac{1}{s} - \frac{2\sqrt{D}}{Ls^{3/2}} \tanh\left(\sqrt{\frac{s}{D}}\frac{L}{2}\right). \tag{9.12}$$

ここで，残存確率が長さ L の区間で計算されていることを明記するため，その引数に L を加えた．

粒子 A が長さ L の区間の中にいる確率密度は，この区間の長さとそのような区間が実現する確率密度に比例する．これに規格化条件を課せば，

$$\pi(L) = \frac{Lp(L)}{\int_0^{\infty} Lp(L)dL} = \frac{Lp(L)}{\langle L \rangle}$$

が得られる．濃度 p でトラップがポアソン分布で存在している場合，区間の長さの密度関数は $p(L) = p\exp(-pL)$ となり，上の確率密度は $\pi(L) = p^2 L\exp(-pL)$ となる．任意の可能な区間に対して平均をとった残存確率は，

$$\Phi(t) = p^2 \int_0^{\infty} \Phi(t;L) L \exp(-pL)\, dL \tag{9.13}$$

で与えられる．これは，図 9.2 をプロットするのに用いられた式である．前節の表現では，$\Phi(t)$ の振る舞いは本質的には，引き伸ばされた指数関数，$\Phi(t) = \exp(-f(t))$ で表される．つまり，関数 $f(t)$ はベキ的な振る舞いになる．これは，図 9.2 で示されている．ここでは，$f(t) = \ln\Phi(t)$ を両対数スケールで描いており，破線と点線は対応する漸近挙動を示している．

9.4 1次元におけるトラップ問題の化学反応速度の漸近挙動　151

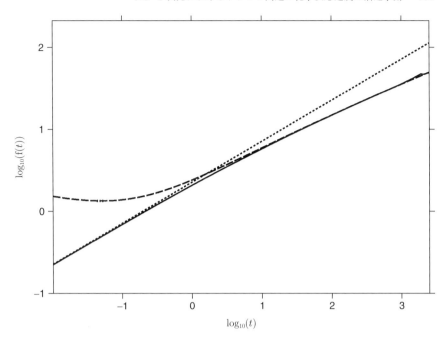

図 9.2 トラップ問題における残存確率の対数 $f(t) = \ln \Phi(t)$ の振る舞いを両対数スケールで時間の関数で描いた．ここで，式 (9.14) で与えられる漸近挙動（破線）とターゲット問題における結果（点線）である式 (9.15) も一緒に描いている．

長時間の振る舞いを評価するため，$t \to \infty$ では，式 (9.11) の和の最初の 1 項の振る舞いだけが重要になることに注意する．そうすると，式 (9.11) と (9.13) により，

$$\Phi(t) \approx \frac{8}{\pi^2} p^2 \int_0^\infty \exp\left(-\frac{\pi^2}{L^2}Dt - pL\right) L\, dL$$

となる．対応する積分は，ラプラスの方法（Laplace method）により簡単に評価できる．このタイプの積分，つまり，$\int_a^b e^{g(L)} L\, dL$，ここで，$g(L) = -\frac{\pi^2}{L^2}Dt - pL$ では，積分区間の内側の $L_0 = (2\pi)^2 (Dt/p)^{1/3}$ で鋭いピークを持つ．$g(L)$ をテイラー展開のゼロでない最初の 2 項 $g(L) \approx g(L_0) + \frac{1}{2}g''(L_0)(L - L_0)^2$ で近似し，積分区間を $(-\infty, \infty)$ へ延長しガウス積分にする．この積分結果は，

$$\Phi(t) \approx \frac{16}{\sqrt{3\pi}} p\sqrt{Dt} \exp\left[-\frac{3\pi^{2/3}}{2^{2/3}} p^{2/3} (Dt)^{1/3}\right] \tag{9.14}$$

152   第 9 章   単純な反応：A + B → B

となる．この結果は，図 9.2 に示されている（破線）.

図 9.2 の点線は，ゆらぎの影響を無視したときの結果，つまり，ターゲット問題で連続近似を用いたときのものである．つまり,

$$\Phi(t) \approx \exp\left[-\frac{4}{\sqrt{\pi}}p\sqrt{Dt}\right]. \tag{9.15}$$

ここで，短い時間での残存確率 $\Phi(t)$ の漸近挙動は,

$$\Phi(t) \approx 1 - \frac{4}{\sqrt{\pi}}p\sqrt{Dt}$$

となる．この振る舞いを式 (9.11) から導くことは簡単ではない．そのため，他の方法を用いらなければいけない.

まず，式 (9.13) のラプラス表現から始める．つまり,

$$\Phi(s) = p^2 \int_0^\infty \left[\frac{1}{s} - \frac{2\sqrt{D}}{Ls^{3/2}}\tanh\left(\sqrt{\frac{s}{D}}\frac{L}{2}\right)\right] L\exp(-pL)\,dL. \tag{9.16}$$

ここで，式 (9.12) が用いられている．$t \to 0$ での $\Phi(t)$ の振る舞いは，$\Phi(s; L)$ での $s \to \infty$ の振る舞いに対応している．この極限では，$\tanh\left(\sqrt{\frac{s}{D}}\frac{L}{2}\right) \to 1$ となるので，L 上での積分は明らかに

$$\Phi(s) = \frac{1}{s} - \frac{2p\sqrt{D}}{s^{3/2}}$$

となる．逆変換は，タウバー型定理により簡単に実行され,

$$\Phi(t) \cong 1 - \frac{2p\sqrt{D}}{\Gamma(3/2)}t^{1/2} = 1 - \frac{4p\sqrt{Dt}}{\sqrt{\pi}}$$

となる．これは，連続極限でのターゲット問題に対する残存確率のテイラー展開の第 1 項を再現している.

遅い拡散の状況（連続時間ランダムウォーク）では，前にやったのと同じように議論できる [3]．ここでは，式 (9.10) の代わりに式 (6.29) から始める．再掲すると

$$\Phi(t; L) = \sum_{m=1}^\infty \frac{8}{\pi^2(2m+1)^2} E_\alpha\left(-\frac{\pi^2(2m+1)^2}{L^2}Kt^\alpha\right).$$

$t \to \infty$ では，任意のミッタク‐レフラー関数はベキ的な振る舞い（式 (6.18) を参照）になるので,

$$\Phi(t; L) \cong \sum_{m=1}^\infty \frac{8}{\pi^2(2m+1)^2}\frac{1}{\Gamma(1-\alpha)}\frac{L^2}{\pi^2(2m+1)^2Kt^\alpha} = \frac{1}{12}\frac{1}{\Gamma(1-\alpha)}\frac{L^2}{Kt^\alpha}$$

となる．ここで，$\sum_{m=0}^{\infty} \frac{1}{(2m+1)^4} = \frac{\pi^4}{96}$（文献 [4] の式 (0.234.5) を参照）という事実を用いた．L に関する分布で平均をとると，式 (9.13) は，

$$\Phi(t) = \frac{1}{2\Gamma(1-\alpha)} \frac{1}{p^2 K t^\alpha}$$

となる．これは，式 (9.10) と似ている．p に関する相違点は，1 次元のランダムウォークの再帰性と関係している．

9.5 高次元のトラップ問題

　高次元では，トラップ問題における残存確率の漸近挙動に対して近似的な結果だけが知られている．厳密に解ける問題（吸収境界を持つ区間における残存確率）に落とし込むことができる 1 次元の場合とは異なり，高次元では，このような単純化は不可能である．しかしながら，残存確率に関する下からの評価を得るのに，同じような方法を使うことができる．

　粒子 A の初期位置とその周りの環境を考えよう．そして，A を中心として，粒子 B を含まない最大の大きさの d 次元のボール（2 次元であれば円，3 次元であればボール）を考えよう．L をそのようなボールの半径とする．粒子がこのボール内をランダムウォークする限り，この粒子は必ず生き残っている．初期位置から粒子の変位が L に達したならば，（必ず反応するわけではないが）反応が起こるかもしれない．したがって，長さ L の吸収境界条件を持つ球を考えることにより，残存確率の下からの評価を与えることができる．ここでの議論は，9.4 節のものと第 6 章で議論した固有関数分解に準じている．

　ボール内の粒子の残存確率は，拡散方程式

$$\frac{\partial p(\mathbf{r}, t)}{\partial t} = K\Delta p(\mathbf{r}, t) \tag{9.17}$$

で与えられる．初期条件と境界条件は，$p(\mathbf{r}, 0) = \delta(\mathbf{r})$ と $p(L, t) = 0$ で与えられている．対応する境界値問題は，$d = 2$ と $d = 3$ のときには，（特殊関数で）解析的に解くことができるが，初期の近似が粗いため，これをそのまま用いることはできない．

　全体での濃度減衰の長時間の振る舞いは，指数関数の形

$$\Phi(t) \propto \exp\left(-|\lambda_0(L)| t\right)$$

154　第 9 章　単純な反応：A + B → B

で与えられる．ここで，$\lambda_0(L)$ は，空間部分に対応する方程式

$$K \Delta X_n(\mathbf{r}) = \lambda_n(L) X_n(\mathbf{r})$$

の最も小さい固有値である．ここで，境界条件は，$X_n(\mathbf{r})|_{|\mathbf{r}|=L} = 0$ である．まず最初に，この方程式の形から，固有値は拡散係数 K に比例することがわかる．対応する固有値は $\lambda_0(1) = （定数）\cdot K$ となり，$L = 1$ では，固有関数 $X_0(\mathbf{r})$ が知られているので，他の L に対しては，変数変換，つまり，新しい変数 $\boldsymbol{\rho} = \mathbf{r}/L$ を導入することにより，新しい方程式を $L = 1$ のものに変換することができる．この初期の距離における方程式の固有値は，$\lambda_0(L) = （定数）\cdot K/L^2$ となり，指数関数的な形

$$\Phi(t; L) \propto \exp\left(-（定数）\frac{Kt}{L^2}\right) \tag{9.18}$$

を導く．これは，ボールの大きさの分布で平均をとらなければならない．大きさの分布は，ボールの体積 V（2 次元では円の面積）で与えられる．つまり，$p(V) = p\exp(-pV)$ である．ここで，p は B 粒子の濃度である．d 次元のボールの体積は，その半径を使って，$V = \Omega(d)L^d$ のように結びつけられることに注意しよう．ここで，$\Omega(d)$ は，空間次元に依存した係数（2 次元では，$\Omega(d) = \pi$，3 次元では，$\Omega(d) = 4\pi/3$）である．よって，

$$p(L) = p^2 d\Omega(d)L^{d-1} \exp(-p\Omega(d)L^d)$$

となる．今，

$$\Phi(t) = p^2 \int_0^\infty \Phi(t; L)d\Omega(d)L^{d-1} \exp(-p\Omega(d)L^d)\, dL$$

を評価すると，

$$\Phi(t) \propto \exp\left[-C(d)p^{\frac{2}{d+2}} K^{\frac{d}{d+2}} t^{\frac{d}{d+2}}\right] \tag{9.19}$$

となる．ここで，$C(d)$ は空間次元にのみ依存する定数である．

演習問題 9.3　9.4 節で述べられたラプラスの方法を用いて，式 (9.19) を示せ．

参考文献

[1] S.A. Rice. *Diffusion-Limited Reactions*, Amsterdam: Elsevier, 1985

[2] B.D. Hughes. *Random Walks and Random Environments*, Vol. 1: *Random Walks*, Oxford: Clarendon, 1996 （議論された内容は，この本の 6.2 節にある.）

[3] A. Blumen, J. Klafter, and G. Zumofen. "Reactions in Disordered Media Modelled by Fractals," in: Pietronero, L., and Tosatti, E., eds., *Fractals in Physics*, Amsterdam: North-Holland, 1986, pp. 399–408

[4] I.S. Gradstein and I.M. Ryzhik. *Table of Integrals, Series and Products*, Boston: Academic Press, 1994

さらなる参考書

G.H. Weiss. *Aspects and Applications of the Random Walk*, Amsterdam: North-Holland, 1994

W. Ebeling and I.M. Sokolov. *Statistical Thermodynamics and Stochastic Theory of Nonequilibrium Systems*, Singapore: World Scientific, 2005 （関係のある内容は，この本の第 10 章にある）

第10章

パーコレーション構造上でのランダムウォーク

"The question is too good to spoil it with an answer."
（その質問は，回答と共に葬り去られるには良質すぎる．）

Robert Koch（ロベルト・コッホ）

これまでは，均一な空間でのランダムウォークを議論してきた．今，格子上の単純なランダムウォークを考え，格子点の密度を薄くしていこう．これにより，いくつかの格子点は取り除かれ，ランダムウォーカーはそれらの格子点には到達できなくなる．到達できない格子点の濃度が低ければ，何も特別なことは起きない．例えば，ウォーカーの平均2乗変位は，

$$\langle \mathbf{r}^2(n) \rangle \cong C(p)n \tag{10.1}$$

のように増大する．ここで，係数 $C(p)$ は，ウォーカーがアクセスできる格子点の濃度に依存している．この振る舞いは，連続時間にも拡張できる．例えば，もしステップに関する平均待ち時間 τ が存在するならば（第3章を参照），

$$\langle \mathbf{r}^2(t) \rangle \cong dK(p)t \tag{10.2}$$

が成立する．ここで，$K(p) = C(p)/d\tau$ は実効的な拡散係数でアクセス可能な格子点の濃度に依存している（d は空間次元）．p が1に近いとき，$K(p)$ を評価するかなり有効な近似が存在する [1]．しかし，これはここでは議論しない．

表 10.1 いくつかのよく知られた格子のパーコレーション濃度

格子	サイトパーコレーションでの p_c	ボンドパーコレーションでの p_c
三角	$^1/_2$	$2\sin(\pi/18) \approx 0.347$
四角	0.593	$^1/_2$
ハチの巣	0.697	$1 - 2\sin(\pi/18) \approx 0.653$
ダイアモンド	0.43	0.39
立方体	0.312	0.249
bcc	0.246	0.180
fcc	0.199	0.120

　格子点を取り除くことを続けよう．すると，ある濃度 p で格子は断絶され，有限領域になり，長距離に渡る拡散は不可能になる．実際に，小さな p に対しては，小さな有限のクラスターだけ（単一の格子点，二つの格子点，三つの格子点など）がアクセス可能になる．それら全ては，アクセスできない格子点で構成された"ファイアーウォール"で囲まれ，有界でない運動を不可能にさせている．クラスターは，連結したアクセス可能な格子点の集まりで定義され，ランダムウォーカーは，その中の格子点にいるならば，そのクラスター内の全ての格子点を訪れることができる．p を増大させると，$p = p_c$ で無限サイズのクラスターが現れる（この濃度では，格子上の運動を通して，非有界な運動が可能になる）．この点はパーコレーション濃度，または，パーコレーション閾値（percolation threshold）と呼ばれる．パーコレーション閾値 p_c はそれぞれの格子に対して明確に定義された量であり，多くの単純な格子に対してはすでに知られている（表 10.1 を参照）．

　パーコレーション濃度のいくつかは厳密に知られ，それ以外のものも数値計算の結果として知られている．パーコレーション転移は，**パーコレーション**（percolation）**理論**の主題であり，不均一な構造の理論的研究に対するよく進展した道具となっている [2]．これまで議論してきた格子点に関する問題と同じように，パーコレーションのボンド問題も定式化されている．そこでは，全ての格子点が存在しているが，格子点を繋いでいるボンドの一部が取り除かれ，その結果，格子を断絶している状況となっている．

　パーコレーション系におけるランダムウォークの物理的な状況は，例えば，混合された分子の結晶における光学的励起の拡散（2 値の置換における不均一性 [3]）が対応している．ここでは，励起 A は一つのタイプの分子（アクセス可能な格子

158　第 10 章　パーコレーション構造上でのランダムウォーク

点）にだけ存在することができ，他のタイプの分子には移動できない [4]．励起は反応することができるので，これはパーコレーションクラスター上での反応の例となっている．まず，反応のない拡散を考えよう．

　ウォーカーは無限クラスター上の点から動き始め，その上でランダムウォークを行うと考えよう．式 (10.1) での係数 $C(p)$，または，式 (10.2) での拡散係数 $K(p)$ は，p と共に減衰し，パーコレーション閾値 $p = p_c$ で厳密にゼロになる．ちょうどこの濃度では，輸送は依然として可能であるが，異なる n 依存性が現れる．つまり，

$$\langle \mathbf{r}^2(n) \rangle \propto n^{\alpha}. \tag{10.3}$$

ここで，$\alpha < 1$ である．これを時間に変換すれば，$\langle \mathbf{r}^2(t) \rangle \propto t^{\alpha}$ となり，振る舞いは遅い拡散となる．これは，エネルギーにおける不均一性と関連するベキ的な待ち時間分布を持つ連続時間ランダムウォーク（第 3 章）と比べると，異なったタイプのものになっている[1)]．もし式 (10.3) が特別な一つの点，つまり，パーコレーション閾値とだけ関連があるならば，あまり面白い状況ではない．しかし，実際にはそうではなく，p_c に十分近いが p_c より大きい p では，平均 2 乗変位はかなり長い間式 (10.3) に従い，その後，通常の拡散である式 (10.1) に従う．p_c より小さいと，大きな領域を動き回るが有限サイズのクラスター内にいることになる．

　本章での理論的な記述はこれまでの章で述べられた厳密な手法には従っていない．ここでの議論の大部分は，数値計算で知られているものだが，普遍的に正しいと考えられている．これらに関して，数学的に厳密な証明はわずかしかない [1]．しかし，物理学者にとっては，フラクタル幾何の概念に基づいた特別な用語や道具が進展したことは非常に重要である．これらは，構造的な不均一性に関連した状況を対処するのに非常に有用である．

　[1)]この振る舞いを定性的に説明するため，閾値での無限クラスターをバックボーン（緩んで曲がりくねった構造になっており，そこで無限に広がった運動が可能である）と終端のある構造がバックボーンの一つの格子点からぶら下がっているもので表現する．遅い拡散は，バックボーンの曲がりとそれにぶら下がっているものにおけるトラップによるものと考えられる（このトラップは，第 3 章で考えたくし構造と似ている），しかしながら，くし構造との類似性は誤解を生んでいる．なぜなら，くし構造のあるランダムウォークではエイジング（エルゴード性の破れ）を導くが，パーコレーション上での拡散ではエイジングは観測されない（この問題に関する議論の詳細は [5] を参照）．また，シェルピンスキーガスケット上のランダムウォークは遅い拡散（10.2 節を参照）を示すが，この場合，バックボーンにぶら下がった端点を持つ構造はない．

10.1 パーコレーションに関するいくつかの事実

本節では，パーコレーション閾値の近くでのパーコレーション構造の興味深い性質のいくつかを議論することから始める．ここでの議論は十分ではないので，興味のある読書は，文献 [1, 2] を参考にするとよい．$p > p_c$ でのシステムを見ると，小さなクラスターが存在する穴のある無限クラスター（系全体の有限な部分を占める大きく繋がった領域）からなる．（有限のクラスターはないが）穴のある無限クラスターは図 10.1 の右側に示されている．

典型的な条件下では，(存在するならば) システム内には，唯一の無限クラスターがあることが証明されている．穴の典型的なサイズは，系の特徴的な長さを定義する．この長さは相関長（correlation length）ξ と呼ばれている．非有界な運動に寄与しない有限クラスターの全てを取り除き，ξ より大きいスケールで無限クラスターの構造を見れば，密度が $p_\infty < p$ である均一な構造になることがわかる．無限クラスターの密度 p_∞ は，その中で格子点を選ぶ確率に他ならない．パーコレーション閾値以下では，無限クラスターは存在せず，$p_\infty = 0$ となる．パーコレーション閾値の近傍では，密度 p_∞ は，

$$p_\infty \propto (p - p_c)^\beta \tag{10.4}$$

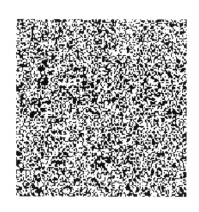 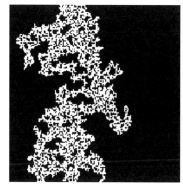

図 10.1 p_c 近くでのパーコレーション系の構造：左側の図は，150×150 の四角形の格子上での全てのクラスター（白い格子点）を示している．右側の図は，最も大きい（無限）クラスターのみを残りの部分と分離させて表示している．このクラスターはすべてのスケールで穴があり，フラクタルになっている．

160　第 10 章　パーコレーション構造上でのランダムウォーク

表 **10.2**　パーコレーション理論のよく知られた臨界指数

指数	2 次元	3 次元
β	5/36	0.41
γ	43/18	1.80
ν	4/3	0.88
τ	187/91	2.186

のようなベキ的な振る舞いになる．ここで，臨界指数 β の値は，全ての次元において，（少なくとも数値的には）知られている（表 10.2 を参照）．臨界点の上では，パーコレーションクラスターの密度は小さくなっていく．これは，その中の穴がだんだん大きくなっていくことを意味しており，ξ は発散する．この発散もまたベキ則 $\xi \propto (p - p_c)^{-\nu}$ に従っている．

　実際には，相関長の標準的な定義はわずかに異なっている．ξ は，有限クラスターの平均旋回半径で定義することができ，パーコレーション転移の両側で有限である．つまり，

$$\xi \propto |p - p_c|^{\nu}. \tag{10.5}$$

パーコレーション転移の上では，無限クラスター内の穴は有限クラスターで埋まっているので，二つの定義は同じである．転移近傍（両側）でのパーコレーション系の性質は，下で議論する大きな有限クラスターの性質によって定義される．

　パーコレーション転移近傍において，全ての有限クラスターの中でサイズ N の有限クラスターを見つける確率は，

$$p_N \propto N^{-\tau} f(-G(p)N) \tag{10.6}$$

のようにスケールする．ここで，τ は新しい臨界指数を定義している．関数 f は，大きな引数に対して，十分速く減衰し，（p_c では厳密である）ベキ分布 $p_N \propto N^{-\tau}$ における特徴的なカットオフを記述している．係数 $G(p)$ は，最も大きい有限クラスターの格子点数の逆数で特徴づけられ，パーコレーション閾値でゼロになる．$G(p)$ の濃度依存性はベキ則を示す．つまり，

$$G(p) \propto |p - p_c|^{1/\sigma}.$$

指数 σ と特に τ（この指数は以後繰り返し使われる）は，クラスターサイズ分布のモーメントの振る舞いを定義するのによく用いられる指数と関連付けられている．

具体的には，指数 γ は，クラスターサイズの 2 次モーメントの発散を定義する．つまり，

$$S(p) = \frac{1}{p_c} \sum_{N=1}^{\infty} N^2 p_N \propto |p - p_c|^{-\gamma} \tag{10.7}$$

（無限クラスターはこの和から除かれている）．したがって，

$$\sigma = \frac{1}{\beta + \gamma}$$

や

$$\tau = 2 + \frac{\beta}{\beta + \gamma} \tag{10.8}$$

のような関係がある（文献 [2] を参照）．

2 次元と 3 次元における対応する指数の値は，文献 [2] で得られており，表 10.2 に与えられている．

10.2 フラクタル

パーコレーション濃度以上では，無限クラスターは有限の密度で特徴付けられ，半径 L の球の内側にあるクラスターの格子点の数（質量）は，半径と共に

$$M = const(d) \cdot p_{\infty} L^d \tag{10.9}$$

のように増大する．ここで，$const(d)$ は空間次元にのみ依存する定数である．質量のシステムサイズ依存性は，空間次元によって特徴づけられ，異なる L で M を測定することにより得ることができる．したがって，L を 2 倍すると，M は 2^d 倍になり，

$$d = \frac{\ln(M(L_1)/M(L_2))}{\ln(L_1/L_2)} \tag{10.10}$$

となる．無限系から異なるサイズの部分を切り取る代わりに，部分を追加して，より小さいが同様の部分からまとめられた有限系の質量の増大を表す指数として次元を定義できると主張することができる．例えば，四角形は，その半分のサイズの四つの同じ四角形の集合であり，よって，その次元は $d = \ln 4/\ln 2 = 2$ である．一方，立方体の次元は，半分のサイズの八つの集合からなるので，$d = \ln 8/\ln 2 = 3$ である．物体の質量（またはそれを構成する同じような物体の数）を通して定義される次元は，質量次元と呼ばれている．

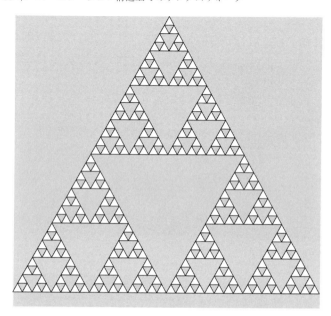

図 10.2 シェルピンスキーガスケット．n 番目の世代は，三つの $(n-1)$ 番目の世代をまとめたもので構成されている．1 番目の世代は，白い三角形で示されている．

図 10.2 の単純な例は，半分のサイズの三つの物体から構成されたもの（シェルピンスキーガスケット（Sierpinski gasket）と呼ばれている）であり，次元 $d = \ln 3/\ln 2 \approx 1.585\ldots$ を持つが，整数ではない．非整数質量次元を持つものは，フラクタル（fractal）と呼ばれている．質量次元は，異なるいくつかの方法で定義されたフラクタル次元の一つであるが，ここでは，これをフラクタル次元（fractal dimension）とする[2]．

> **演習問題 10.1** シェルピンスキーガスケットに似た構造は，高次元でも定義される．例えば，3 次元では，小さな四面体の集まりで全体が構成されている．さらに，3 次元以上でも定義される．d 次元で作られたシェルピンスキーガスケットのフラクタル次元を計算せよ．
>
> **ヒント**：異なる d の間での再帰関係を考えよ．

---

[2] 数学者は，システムを覆うのに箱や球などの数がそれらの大きさをゼロに近づけたときにいかに増大していくかを数えることで次元や関連した性質を導入する．こうする数学的な理由がある（例えば，次元をなめらかな座標変換の下で不変にしたい）が，物理的な背景はない．全ての物理系は原子から成っており，それらは小さすぎるわけではない．

10.3 フラクタル格子上でのランダムウォーク　163

無限パーコレーションクラスターのフラクタル次元は，以下の議論（数値データによってよく裏付けられている）によって得られる．p_c よりわずかに大きい p で，密度は有限であるが小さいクラスターを考えよう．クラスターの構造は p_c での小さなスケールでのクラスターの構造を再現するだろう（小さな領域では，到達可能な格子点の濃度は揺らいでおり，クラスターはちょうど p_c であるかはわかっていない）が，大きなスケールでは，この密度は p_∞ の近くにいるだろう．このような構造の性質をつかむために，サイズ L のシェルピンスキーガスケットの形をしたタイルに覆われた平面を想像しよう．この系は小さいスケールではフラクタルであるが，L の大きさのスケールでは均一になる．

フラクタル図形では，無限クラスターのサイズ L の部分の質量は，L と共に $M(L) \propto L^{d_f}$ のように増大し，L が ξ と同じオーダーになるまでは，その密度は

$$\rho(L) \propto L^{d_f - d}$$

のようになる．大きなスケールでは，クラスターは密度 p_∞ で均一になる．よって，$p_\infty \sim \xi^{d_f - d}$ である．今，p_∞ と ξ を $p - p_c$ の関数で表し，$(p - p_c)^\beta \sim (p - p_c)^{\nu(d_f - d)}$ が得られるので，

$$d_f = d - \frac{\beta}{\nu} \tag{10.11}$$

となる．この次元は，2 次元で 91/48，3 次元でおよそ 2.53 である．6 より大きい次元では，d_f の値は $d_f = 4$ の近くで停滞する．しかしながら，これはここで考えている状況ではない．

10.3　フラクタル格子上でのランダムウォーク

フラクタル格子上のランダムウォークは様々なフラクタル構造を持つものに対して膨大な数の研究がある．数値計算の結果は以下のようにまとめられる．

フラクタル上を動くランダムウォーカーの平均 2 乗変位は，遅い拡散のように増大する（式 (10.3)）．この式は，たびたび，異なった仕方で記述される．式 (10.3) を逆にして，ランダムウォーカーの軌道の質量次元を考えよう．n ステップの軌道（つまり，質量 n のかたまり）は，典型的な空間サイズ $L \sim n^{\alpha/2}$ を持つ．したがって，サイズ L の軌道の質量は，$n \propto L^{2/\alpha}$ のように増大し，ウォーカーの軌道のフラクタル次元（**ウォーク次元**（walk dimension））を $d_w \propto 2/\alpha$ のように定義

164 第 10 章 パーコレーション構造上でのランダムウォーク

する．よって式 (10.3) は，

$$\langle \mathbf{r}^2(n) \rangle \propto n^{2/d_w} \tag{10.12}$$

のように書き直すことができる．フラクタル上での遅い拡散運動（$\alpha < 1$）では，ウォーク次元は必ず 2 を超える[3]．

通常の格子上でのランダムウォークの場合，原点でウォーカーを見つける確率は，$P_n(0) \propto \frac{1}{(\sqrt{n})^d} = n^{-d/2}$ のように振る舞う．つまり，系の空間次元に依存した指数を持つベキ的な減衰を示す．フラクタル系でもベキ的な減衰が観測されるが，その漸近的な振る舞いは，

$$P_n(\mathbf{0}) \cong An^{-d_s/2} \tag{10.13}$$

のようになり（A は定数），フラクタル系の新しい特性量，つまりスペクトル次元（spectral dimension）を定義する[4]．ユークリッド格子の場合，$d_f = d_s = d$ となるが，フラクタル格子では，d_f と d_s は幾分独立な特性量である．しかし，それらは，不等式

$$d_s \leq d_f \tag{10.14}$$

によって結び付けられている（任意の構造に対して，$d_f > 1$ であり，非有界なランダムウォークが可能である）．この上限は $d_w \geq 2$ という条件からきている．任意の次元のパーコレーションクラスターでは，d_s は非常に 4/3 に近い．d_s が正確に 4/3 であるという初期の予想 [6] は正しくないことが証明されている（$d = 2$ では最大約 2% ズレることが観測されている [7]）が，アレクサンダー・オルバッハ予想（Alexander–Orbach conjecture）$d_s = 4/3$ は未だに実用的な目的としては正確であると考えられている．

数値計算により，ウォーカーの原点からの距離の確率密度関数がわかっている．これは，最初の格子点から距離 r だけ離れた所にウォーカーを発見する確率が（少

---

[3] 連続時間ランダムウォークで記述される遅い拡散は，待ち時間（ウォーカーが動かない間の時間）に起因する．ウォーカーの軌跡は，単純なランダムウォーカーの軌跡と全く同じであり，n の関数として，$\langle \mathbf{r}^2(n) \rangle \propto n$ となる．よって，連続時間ランダムウォークのウォーク次元は 2 である．これは，連続時間ランダムウォークに関連した不均一性とフラクタル基盤上での拡散との区別を与える方法になる．興味深いことに，$\langle \mathbf{r}^2(n) \rangle \propto n$ という関係式は，くし状の中での拡散でも正しい．これは，バックボーンでのステップか歯の中でのステップかのどちらを考えているかに関係なく成立する．ただし，係数は異なっている．くしモデルはまたもや興味深いが，パーコレーションとは関係がない．

[4] スペクトル次元という用語は，同じ量が弾性的な構造を持つフラクタル上の低周波モードの密度を調整しているという事実に基づいている [6]．そして，この構造の離散ラプラス演算子のスペクトルの性質と関係している（これは，純粋に幾何的な量である）．しかしながら，現代の数学では，d_s は，ちょうど式 (10.13) と同じように定義されている．

なくとも漸近的に）次の形[5]で与えられることを意味している．つまり，

$$P_n(r) = An^{-d_s/2} f\left(\frac{r^2}{\langle r^2(n)\rangle}\right) = An^{-d_s/2} f\left(\frac{r^2}{n^{2/d_w}}\right). \tag{10.15}$$

ここで，関数 $f(x)$ は，$f(0) = 1$，かつ，式 (10.13) に従うように選ぶ．式 (10.15) は，d_s と d_w の関係を明らかにしてくれる．実際に，関数 $f(x)$ は，$x \to \infty$ で十分速く減衰（例えば，通常の格子での拡散のようなガウス的な減衰）すると仮定しよう．すると，ランダムウォーカーが訪れた格子点の大部分は，およそ半径 $L \cong n^{1/d_w}$ のボールの内側に置かれ，そのような格子点の総数は系のフラクタル次元で与えられる．つまり，$N \cong L^{d_f} \cong n^{d_f/d_w}$ である．

> フラクタル格子の二つの幾何的な特徴，つまり，フラクタル次元 d_f とスペクトル時間 d_s は，その構造上でのランダムウォークの性質を定義する．ウォーカーの平均 2 乗変位は，$\langle \mathbf{r}^2(n)\rangle \propto n^{2/d_w}$ のように振る舞う．ここで，d_w は，ウォーカーの軌跡のフラクタル次元であり，$d_w = \frac{2d_f}{d_s}$ で与えられている．パーコレーションクラスターのスペクトル次元は 4/3 に近い．

すべての格子点を同じような確率で訪れ，原点も単なる一つの格子点で他の格子点と同一であると仮定すると，$P_n(0) \propto 1/N \cong n^{-d_f/d_w}$ となる．式 (10.13) と比較することにより，

$$d_w = \frac{2d_f}{d_s} \tag{10.16}$$

が得られる．これは，フラクタル構造の幾何的な性質とウォークの性質を結びつけている．

10.4 スペクトル次元の計算

原点にいる確率を評価することは，スペクトル次元を数値的に求める最もよい方法ではない．連続時間での議論の方が簡単であるため（通常のマスター方程式

---

[5] 連続極限におけるこの関数に対する方程式，つまり，対応する一般化された拡散方程式を導こうと多くの研究がなされてきた．最初でかつ最も簡単なものは，文献 [8] で提案された．しかしながら，最近の数値計算では，この関数 f はその構造にある性質があり，普遍的な方程式はないと示唆している．何人かの研究者は，第 6 章で考えてきたタイプのものと同じような時間に関する非整数階微分を含む方程式を提案している．それらはいくつかの制約がある．つまり，フラクタル上のランダムウォークは，連続時間ランダムウォークでは典型的であったエイジングを示さない [5]（連続時間ランダムウォークでは，時間に関する非整数階微分を含む方程式は適切である）．

166　第 10 章　パーコレーション構造上でのランダムウォーク

で記述できる），ここでは連続時間を考える．漸近的には，t および n 依存性は当然同じになる．

　粒子が格子点 i にいる確率 p_i に対するマスター方程式は，

$$\frac{d}{dt}\mathbf{p} = \mathbf{W}\mathbf{p} \tag{10.17}$$

となる．ここで，$\mathbf{p}$ は，全ての p_i からなるベクトルである．行列 $\mathbf{W}$ は，ネットワークのノード間の遷移確率を記述している．対応する行列の非対角成分は，格子点 i から j への単位時間あたりの遷移確率を与えており，繋がっている格子点では値を持つが，そうでない場合にはゼロになっている．対角成分は，対応する列に関する全ての非対角成分の和にマイナスをつけたものになる．つまり，

$$w_{ii} = -\sum_{j \neq i} w_{ij}. \tag{10.18}$$

これは，確率保存則を表している．多数の粒子を考えるならば，格子点にいる粒子の平均値に対しても同じ方程式 (10.17) が成立する．格子点 i に粒子がいる確率 p_i をその格子点にいる粒子の平均数 n_i に変えればよく，それらによってベクトル $\mathbf{n}$ が構成される．

　これまで，スペクトル次元やウォーク次元を定義するのに，時間依存の量を考え，平均 2 乗変位や訪れた格子点の数の平均などの時間発展を見てきた．しかし，平均 2 乗変位のルートの振る舞い $L \propto t^{1/d_w}$ を逆に使って，ウォーク次元 d_w を原点から距離 L の（吸収）境界まで動くのにかかる平均時間 T を通して計算することができる．病的な設定でなければ，$T \propto L^{d_w}$ となると期待される．さらに，粒子を一つ一つ追いかけるのではなく，単位時間当たりの多数の粒子の振る舞いを追うことができる．つまり，一定の粒子の流れ I を導入する．ある時間の後，系の中の粒子の定常分布が確立される．これは，式 (10.17) の定常分布によって記述される．つまり，

$$\mathbf{W}\mathbf{n} = 0. \tag{10.19}$$

ここで，原点で粒子が湧き出し，境界で吸収される境界条件を課している．系全体の粒子の数は $N = \sum_i n_i$ であり，粒子の平均寿命 T は，$N = IT$ を通して $T = N/I$ で定義できる．

　濃度 n_i を計算することは，形式的には，全体の電流が与えられたときにキルヒホッフの法則（Kirchhoff's laws）を用いて，同じ配列のネットワーク抵抗器の

ノードの電圧を計算することに対応している. オームの法則より, ノード i と j の間の確率流は, $p_j - p_i$ に比例することがわかる. ノード i と j を結ぶ抵抗の電導度は, ノードが繋がって入れば 1 であるとする. 式 (10.18) の条件とともに式 (10.19) で与えられる条件は, 粒子の保存を表すキルヒホッフの第二法則に対応している (ノード i に入る流れと出る流れの全ての和はゼロであるという事実). そして, キルヒホッフの第一法則は, 解の一意性から得られる. したがって, ウォーク次元は, サイズ L のフラクタルの抵抗 R のスケーリングを議論することにより得られる. これは, 典型的にはベキ則になる. つまり,

$$R \propto L^\zeta. \tag{10.20}$$

電導度の指数 ζ とウォーク次元を結びつけるために, 以下の論法を用いる. 異なるサイズのフラクタルの中の粒子の濃度分布は同じであると仮定しよう. システムの中にいる粒子の数の平均 N は, 典型的な濃度 (これは, 粒子を注入する点の密度 n_A に比例しているだろう) と格子点の数に比例している. 与えられた流れに対して, 粒子の濃度は $n_A \sim IR \propto L^\zeta$ のようにスケールする. 一方, 格子点の数 (フラクタルの質量) は, $M \propto L^{d_f}$ のようにスケールする. よって, $T \sim N \propto L^{\zeta + d_f}$ のようになり, ウォーク次元は,

$$d_w = \zeta + d_f \tag{10.21}$$

で与えられる. 具体例として, シェルピンスキーガスケットの d_s を計算しよう. このために, まず ζ を計算しなければならない. つまり, 次の世代のフラクタルの末端間の抵抗を計算する (図 10.3 の三角形の外側の太いワイアによって描かれている). ここで, 前の世代の対応するノードの抵抗はわかっている (これを r としよう) と仮定している. これは, 電気回路理論で知られた古いやり方で計算できる. 図 10.3 で示された構造を三角形の内側の太線によって横切る. ここで, それぞれのボンドは $r/2$ の電導度を持ち, 終端間の抵抗は同じ値 r になる. 次の世代の構造の抵抗は, 簡単に計算でき, $\frac{5}{3}r$ と等しい. したがって, R の空間スケール L 依存性は, $R \propto L^\zeta$ となり, $\zeta = \log(5/3)/\log 2$ が得られる. このガスケットのフラクタル次元は $d_f = \log 3/\log 2$ であるので, ウォーク次元は $d_w = \log 5/\log 2$, スペクトル次元は $d_s = 2\log 3/\log 5$ と等しくなる.

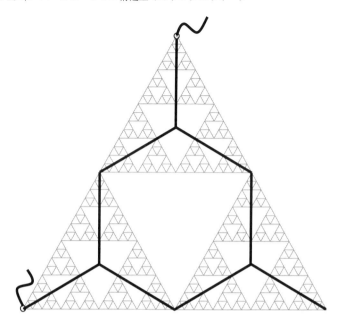

図 10.3 有限のサイズのシェルピンスキーガスケットの電導度のスケーリングの計算で用いられた手法.

演習問題 10.2 d 次元の一般化されたシェルピンスキーガスケット（演習問題 10.1 を参照）を考え，それらに対して，
$$d_w = \frac{\log(d+3)}{\log 2}$$
を示せ.

他の多くの構造のスペクトル次元は似た方法で得られる．例えば，パーコレーションクラスターは複雑ネットワークの抵抗を評価することで次元を計算できる．特に 2 次元では，効率的なアルゴリズムが知られている [9].

ウォーク次元やスペクトル次元を計算する最も単純な方法は，フラクタルを電導性を持つ構造と考え，その抵抗 R がサイズ L に対して，どのようにスケールするかを決めることである．もし，$R \propto L^\zeta$ であれば，$d_w = \zeta + d_f$ と $d_s = \frac{2d_f}{d_f + \zeta}$ である．

10.5 スペクトル次元を用いて

式 (10.16) をさらに考察すると，スペクトル次元に関して他の興味深い性質がわかってくる．n ステップでのランダムウォーカーの平均 2 乗変位の平方，$\langle \mathbf{r}^2(n) \rangle^{1/2}$ が半径であるボールの中の格子点の数 $N \propto \left(n^{1/d_w} \right)^{d_f} = n^{d_s/2}$ を考えよう．$d_s < 2$ では，格子点の数はステップの数よりももっとゆっくりと増加する．結果として，ボールの中にある全ての格子点を実質的に訪れ（コンパクトな訪問（compact visitation）の性質），それらのいくつかは何度も訪れる（再帰性）．それらの性質の両方とも 1 次元系ではよく知られた結果である．$d_s > 2$ では，それとは異なり，ボール内の格子点の数はステップの数に比べて漸近的に速く増大する．よって，それらの全てをランダムウォークによって経巡ることはない．そして，訪問した格子点は有限回だけ再度訪問される．したがって，訪問した格子点の中で異なる格子点の数は

$$
S_n \propto \begin{cases} n^{d_s/2} & (d_s < 2) \\ n & (d_s > 2) \end{cases} \tag{10.22}
$$

のように増大する．これは，通常の格子上のランダムウォークでも知られている（d_s は空間次元 d を意味している）．式 (10.22) は，S_n が重要な役割を果たしている状況（例えば，反応を考えるとき）で定性的な議論を可能にしている．

> ランダムウォークは，$d_s < 2$ のフラクタルでは再帰的（確率 1 で原点に戻ってくる）であり，$d_s > 2$ のフラクタルでは過渡的である（再帰的でない）．

フラクタル上の再帰的なランダムウォークは，1 次元の再帰的な状況と多くの共通点がある．よって，原点への再帰時間分布は，更新過程によるアプローチで得ることができる．これは，フラクタル上のランダムウォークのマルコフ性が保証している．パーコレーションクラスターのようなフラクタル上のランダムウォークでは，初期点に対して平均をとって考える必要がある．

離散時間（ステップ数）での更新方程式

$$
P_n(\mathbf{0}) = \delta_{n,0} + \sum_{k=1}^{n} F_k(\mathbf{0}) P_{n-k}(\mathbf{0})
$$

170 第 10 章 パーコレーション構造上でのランダムウォーク

を書き（式 (2.7) を参照），母関数をとり，スペクトル次元によって初通過時間分布の性質を明らかにする．つまり，式 (2.10)

$$F(\mathbf{0}, z) = 1 - \frac{1}{P(\mathbf{0}, z)}$$

が成立し，式 (10.13) より $P_n(\mathbf{0}) \cong A n^{-d_s/2}$ となるので，タウバー型定理より，$P(\mathbf{0}, z) \cong A\Gamma(1-d_s/2)(1-z)^{d_s/2-1}$ となり，最終的には，$F(\mathbf{0}, z) = 1 - \frac{1}{A\Gamma(1-d_s/2)}(1-z)^{1-d_s/2}$ が得られる．これを時間に戻すと，

$$F_n(\mathbf{0}) \cong -\frac{1}{A\Gamma(1-d_s/2)\Gamma(d_s/2-1)} n^{d_s/2-2}$$

となる（$d_s < 2$ では $\Gamma(d_s/2-1) < 0$ となることに注意）．これは，揺動理論の結果 (2.35) の $d_s < 2$ のフラクタルへの一般化である．

　スペクトル次元 d_s が訪れた異なる格子点の平均数を特徴付けているので，第 9 章の結果をフラクタル格子へ拡張することができる．ターゲット問題では，残存確率 $\Phi_n = \exp\left[-p\left(\langle S_n \rangle - 1\right)\right]$ は異なる格子点の平均数で厳密に書かれるので，これより，

$$\Phi_n \propto \begin{cases} \exp\left(-(\text{定数}) \cdot p n^{d_s/2}\right) & (d_s < 2) \\ \exp\left(-(\text{定数}) \cdot p n\right) & (d_s > 2) \end{cases}$$

が得られる．もし連続時間への対応が必要であれば，第 9 章で考えた通常の格子上のランダムウォークと全く同じやり方で変換できる．

　トラップ反応の場合，9.5 節で使われた議論に沿って実行しなければいけない．よって，半径 L のボールの中のトラップのないフラクタルな部分の中にいる平均時間 τ（または，平均ステップ数 ν）は，漸近的には $\tau \propto L^{d_w}$ のようにスケールする．残存確率の漸近的な形は

$$\Phi(t; L) \propto \exp\left(-const \frac{t}{L^{d_w}}\right)$$

のようになり，長時間では指数関数的に減衰する．τ と同じぐらいの長さの時間では，粒子は実際には全体の領域を経巡り，位置の分布は（もしまだ生き残っているならば）ある定常な形になるという事実からこの指数関数的な減衰を理解することができる．二つのその後の τ 区間における残存確率は同様であり，多数のそのような区間における残存確率はその積，すなわち，時間での指数表現となる傾向がある．

d_f 次元のサイズ L の区画の体積（格子点数）は，$V \propto L^{d_f}$ を通して結びつけられていることに注意すれば，

$$p(L) = （定数） \cdot d_f p L^{d_f - 1} \exp(-（定数） \cdot p L^{d_f})$$

が得られる．対応する積分の計算に対して，ラプラスの方法を適用すれば，指数関数の中の係数までの形

$$\Phi(t) \propto \exp\left[-（定数） \cdot p^{\frac{d_w}{d_f + d_w}} t^{\frac{d_f}{d_f + d_w}}\right]$$

を得ることができる．これは関係式 (10.16) を用いて

$$\Phi(t) \propto \exp\left[-（定数） \cdot p^{\frac{2}{d_s + 2}} t^{\frac{d_s}{d_s + 2}}\right]$$

のように書き直すことができる．これは，まさに式 (9.19) の空間次元 d を d_s に変えたものになっている．

10.6 有限クラスターの役割

p_c に近いパーコレーション系では，通常のフラクタルとは異なった興味深い性質を持っており，その性質は有限クラスターの役割と関係している．注目している物理の問題に依存して，無限クラスターが重要な役割を演じる状況（例えば，多孔質系において無限クラスターのみが系の境界を通して流体で満たされ，全ての興味深い反応がこの流体の中で起こっている場合）や混合した分子の結晶の光学的な励起（これは無限クラスターだけでなく有限クラスターでも生じる）のような有限クラスターも重要になる状況を考えることができる．ここでは，ちょうど $p = p_c$ の状況のみを考える．

有限ではあるが大きなクラスターの構造は，無限クラスターの構造に似ている．例えば，有限クラスターの平均 2 乗変位は，$\langle \mathbf{r}^2 \rangle^{1/2}$ がクラスターの典型的なサイズ L より小さい限り，

$$\langle \mathbf{r}^2 \rangle \sim n^{2/d_w}$$

のように増大し，最終的には $n \sim L^{d_w}$ で境界に達し，$\langle \mathbf{r}^2 \rangle \sim L^2$ に収束する．クラスターの格子点の数 N をクラスターのサイズとして用いると（$L \sim N^{1/d_f}$），

$$\langle \mathbf{r}^2 \rangle \sim \begin{cases} n^{2/d_w} & (n < N^{2/d_s}) \\ N^{2/d_f} & (n > N^{2/d_s}) \end{cases} \tag{10.23}$$

172　第 10 章　パーコレーション構造上でのランダムウォーク

が得られる．粒子が N 格子点のクラスター上からスタートする確率は，$Np(N)$ に比例する．ここで，$p(N)$ はすべてのクラスターの中で N 格子点のクラスターを発見する確率である．これは，$p(N) \propto N^{-\tau}$ のように減衰する（式 (10.6) を参照）．したがって，平均 2 乗変位は，式 (10.23) を対応するサイズのクラスターでウォーカーを発見する確率で平均をとることにより評価される．つまり，

$$\overline{\langle \mathbf{r}_n^2 \rangle} \sim \sum_{N=1}^{n^{d_s/2}} N^{1/d_f + 1 - \tau} + \sum_{N=n^{d_s/2}}^{\infty} n^{1/d_w} N^{1-\tau}.$$

ここで，最初の和は，平均 2 乗変位がすでにクラスターに対応した一定値にほぼ達した場合であり，2 番目の項はまだ平均 2 乗変位が増大しているクラスターに関するものである．和を積分で近似すると，

$$\overline{\langle \mathbf{r}_n^2 \rangle} \sim n^{1/d_w + (2-\tau)d_s/2} \tag{10.24}$$

が得られる．同じアプローチを異なる格子点に訪問した回数の平均値の計算にも用いることができる．任意の空間次元 d のパーコレーション $d_s < 2$ に対して，

$$\langle S_n \rangle \sim \begin{cases} n^{d_s/2} & (n < N^{2/d_s}) \\ N & (n > N^{2/d_s}) \end{cases} \tag{10.25}$$

となる（最後の表現はクラスターのすべての格子点に訪れた場合に対応している）．式 (10.24) を導く同じ平均の手続きを考えると，

$$\overline{\langle S_n \rangle} \sim \sum_{N=1}^{n^{d_s/2}} N^{1+1-\tau} + \sum_{N=n^{d_s/2}}^{\infty} n^{d_s/2} N^{1-\tau} \sim n^{(3-\tau)d_s/2} \tag{10.26}$$

が得られる．これは，この不均一な系の実効的なスペクトル次元 $\tilde{d}_s = d_s(3-\tau)$ を定義する．訪れた異なる格子点の平均数は，式 (10.26) によって，正しく再現されているが，これはパーコレーション系のターゲット問題を考える上ですぐに使うことはできないかもしれないことに注意した．問題は，ある小さなクラスターでは，反応の相手（B 粒子）が単純にそのクラスターにはいない可能性があることに起因している．この場合，A 粒子は無限に生き残る．同じことはトラップ問題に対しても起こる．これは，実効的なスペクトル次元 $\tilde{d}_s$ は d_s のように普遍的ではなく，不均一な系における多くの量に対して，クラスターの平均操作は計算

の最後のステップで行われなければいけないことを意味している．これは，実効的なスペクトル次元 $\tilde{d}_s$ を $\langle S_n \rangle$ を用いずに，式 (10.4) を通して定義通りに計算を試みるときに見ることができる．

演習問題 10.3　構造のスペクトル次元は，有限クラスター上での原点にいる残存確率の振る舞い

$$P_n(0) \sim \begin{cases} n^{-d_s/2} & (n < N^{2/d_s}) \\ N^{-1} & (n > N^{2/d_s}) \end{cases}$$

で定義される．このシステムの実効的なスペクトル次元を $\overline{P_n(0)} \propto n^{-\tilde{d}/2}$ を通して求めよ．

参考文献

[1]　B.D. Hughes. *Random Walks and Random Environments*, Vol. 2: *Random Environments*, Oxford: Clarendon Press, 1996

[2]　D. Stauffer and A. Aharony. *Introduction to Percolation Theory*, London: Taylor and Francis, 1992

[3]　J.M. Ziman. *Models of Disorder: The theoretical Physics of Homogeneously Disordered Systems*, Cambridge: Cambridge University Press, 1979

[4]　R. Kopelman. *Science* **241**, 1620 (1988)

[5]　Y. Meroz, I.M. Sokolov, and J. Klafter. *Phys. Rev. E* **81**, 010101 (2010)

[6]　S. Alexander and R. Orbach. *Journal de Physique Lett.* **43**, L625 (1982)

[7]　P. Grassberger. *Physica A* **262**, 251 (1999)

[8]　B. O'Shaughnessy and I. Procaccia. *Phys. Rev. Lett.* **54**, 455 (1985)

[9]　D.J. Frank and C.J. Lobb. *Phys. Rev. B* **37**, 302 (1988)

さらなる参考書

B.B. Mandelbrot. *The Fractal Geometry of Nature*, New York: W.H. Freeman, 1982

174 第 10 章 パーコレーション構造上でのランダムウォーク

T. Nakayama and K. Yakubo. *Fractal Concepts in Condensed Matter Physics*,
Berlin: Springer, 2003

S. Havlin and D. ben Avraham. *Adv. in Physics* **51**, 187 (2002)

D. ben Avraham and S. Havlin. *Diffusion and Reactions in Fractals and Disordered
Systems*, Cambridge: Cambridge University Press, 2005

訳者あとがき

ブラウン運動として知られているように，水に浮かべた微小粒子は，ランダムな運動を示す．この現象は，水を連続体と考えてしまうと説明することができないため，分子の存在を知らなければ，驚くべき現象である．現在では，水分子との衝突により微粒子のランダム運動が誘発されることがわかっているが，アインシュタインがブラウン運動の理論を発表した1905年頃では，まだ分子の存在が明らかになっていなかった．つまり，アインシュタインの理論は，あたかも生命を持っているかのような微粒子のランダムな運動とミクロな世界を結びつけたのである．換言すれば，このランダムな運動を観察することにより，我々はミクロな分子の世界を垣間見ることができる．このようなブラウン運動の理論は，物理だけでなく化学，経済，生物にも応用され，数学の理論体系としても完成してきている．一方，近年では，"anomalous is normal" とも言われているように，通常のブラウン運動の理論では説明できない現象が，自然界にはむしろ普通に存在することがわかってきている．

本書は，Joseph Klafter と Igor M. Sokolov の著書である *First Steps in Random Walks* の邦訳である．二人の著者は，ブラウン運動を拡張した異常拡散の理論の発展に古くから貢献してきた著名な研究者であり，一般向けにも異常拡散の解説記事を執筆している [J. Klafter and I. M. Sokolov, Anomalous diffusion spreads its wings, *Phys. World* **18**, 29 (2005)]．本書では，ランダムウォークを基にして，確率論の基礎から丁寧に説明し，異常拡散を示す確率モデルの理論を最近の結果まで網羅しながら解説している（特に，連続時間ランダムウォークのエイジングやエルゴード性の破れは，比較的最近進展した内容である）．

最近では，動物の採餌行動を GPS で追跡したり，細胞内での生体分子の拡散が直接観測可能になり，異常拡散が様々なスケールの現象で現れることがわかってきた．一方で，異常拡散の理論を体系的に取り扱った書籍は少なく，その理論の

176   訳者あとがき

全貌を掴みきれていない研究者が数多くいるのではないかと危惧している．本書
で取り扱われている内容は，背景の異なる様々な分野の研究の解析の道具として
応用することが可能である．そのような応用を通して，幅広い分野の研究の発展
に貢献できれば，訳者としては望外の喜びである．

　最後に，本書に携わる機会を与えていただき，そして，編集をしていただいた
共立出版の大越隆道氏に感謝したい．

2017 年 12 月

秋元琢磨

索　引

【ア 行】

アインシュタイン関係, 89
アレクサンダー・オルバッハ予想, 164
安定性, 12
一般化されたフォッカー・プランク方程式,
　　　88, 91
　　　非整数階の―　95
エイジング, 61–76
エネルギー的不均質性, 54
　　　―の構造　157
遅い拡散, 55

【カ 行】

ガウス分布, 6
確率密度関数, 4–6
緩慢変動関数, 22, 49
キルヒホッフの法則, 166
くし状のモデル, 51
グリュンヴァルト・レトニコフ定理, 95
コーシー分布, 6
異なる訪れた格子点, 30
　　　―の平均数　30
　　　フラクタル上の―　170
　　　連続時間ランダムウォークにおけ
　　　　る―　58
　　　分散　148
固有関数展開, 101
　　　残存確率における―　102

コンパクトな訪問, 169

【サ 行】

再帰確率, 26
　　　フラクタル上の―　169
　　　連続時間ランダムウォークにおける―
　　　　58
残存確率, 102
　　　区間上の―　102, 108
　　　―のトラップ問題における下からの評
　　　　価　153
シェルピンスキーガスケット, 162, 168
時間平均, 71
視察のパラドックス, 64
従属, 44, 58, 104–108
　　　―の積分公式　87
スターリングの公式, 11
スパッレ・アンデルセンの定理 ⇒ 揺動理論
線形応答の死, 75
前方待ち時間, 63, 67
　　　ベキ的な待ち時間分布における―　67
相関長, 159, 160

【タ 行】

ターゲット問題, 144, 152
タウバー型定理
　　　母関数における―　22
　　　ラプラス変換における―　50

178　索　引

中心極限定理, 8
　　　一般化された— 14
特性関数, 1–18
　　　独立変数の和の— 6
飛び越え, 119
トラップ問題, 147
　　　1 次元における— 149
　　　高次元における— 153

【ハ 行】

パーコレーション, 157
　　　—における格子点とボンド問題 157
パーコレーション閾値, 157
配置平均, 143
初通過確率, 25
　　　フラクタル上の— 170
　　　連続時間ランダムウォークにおける—
　　　　　59
反応, 142–155
　　　揺らぎが支配的な— 143
非整数階微分, 91
　　　リース・ワイルの— 117
　　　リーマン・リウヴィルの— 92
　　　ワイルの— 94
不均一性を持つ半導体, 54
フラクタル, 161
フラクタル次元, 162
　　　ウォーク次元 163
　　　スペクトル次元 164, 165, 172
母関数, 19
　　　モーメントの— 6, 42

【マ 行】

マスター方程式
　　　一般化された— 78–89
　　　格子のないランダムウォークの— 83
　　　—の解 85
待ち時間分布, 40, 48
ミッタク・レフラー関数, 52, 97–100
無限クラスター, 157

　　　—の密度 160

【ヤ 行】

有限クラスター, 157, 171
　　　—のサイズ分布 160
揺動理論, 29, 33–38

【ラ 行】

ラプラスの方法, 151
ラプラス変換, 41
ランダムウォーク
　　　過渡的な— 26
　　　高次元の— 15, 29
　　　再帰的な— 26
　　　独立な増分をもつ過程としての— 7
　　　ピアソン iii, 1, 3, 16
レヴィ・スミルノフ分布, 51
レヴィウォーク, 129, 131–139
　　　休憩を伴う— 137
　　　流れの実験 138
　　　—における確率密度関数 135
　　　—における平均 2 乗変位 135
　　　ハミルトン系での— 138–139
　　　分離された流れの中の— 136
レヴィ確率変数のシミュレーション, 121
レヴィフライト, 110
　　　—に対する非整数階の拡散方程式
　　　　　116
レヴィ分布, 対称性, 13
　　　片側— 51
レヴィ分布の対称性, 112
　　　片側— 110–114
連続時間ランダムウォーク, 40
　　　時空間のカップリング 127
　　　—におけるジャンプ率 55, 61
　　　—における変位のモーメント 47
　　　—の時間依存した外場への応答 74,
　　　　　84
　　　—の非エルゴード的な性質 72

Memorandum

Memorandum

【訳者紹介】

秋元琢磨（あきもと たくま）

2007年　早稲田大学大学院理工学研究科物理学及応用物理学専攻 博士課程修了
現　在　東京理科大学理工学部物理学科 准教授
　　　　博士（理学）
専　門　統計物理学，異常拡散，非線形科学

ランダムウォーク はじめの一歩	著　者　J. Klafter
—自然現象の解析を見すえて—	I. M. Sokolov
（原題：*First Steps in Random Walks:*	訳　者　秋元琢磨　ⓒ 2018
From Tools to Applications）	発行者　南條光章
	発行所　共立出版株式会社
	〒 112–0006
	東京都文京区小日向4–6–19
2018年1月25日　初版1刷発行	電話番号 03–3947–2511（代表）
	振替口座 00110–2–57035
	URL http://www.kyoritsu-pub.co.jp/
	印　刷　藤原印刷
	製　本　ブロケード

 一般社団法人
　　　　　　　　　　　　　　　自然科学書協会
検印廃止　　　　　　　　　　　　　　会員
NDC 417.1, 421.5, 431

ISBN 978–4–320–11324–4　Printed in Japan

JCOPY ＜出版者著作権管理機構委託出版物＞
本書の無断複製は著作権法上での例外を除き禁じられています．複製される場合は，そのつど事前に，出版者著作権管理機構（TEL：03-3513-6969，FAX：03-3513-6979，e-mail：info@jcopy.or.jp）の許諾を得てください．

「数学探検」「数学の魅力」「数学の輝き」の三部からなる数学講座

共立講座 数学の魅力 全14巻 別巻1

新井仁之・小林俊行・斎藤 毅・吉田朋広 編

大学の数学科で学ぶ本格的な数学はどのようなものなのでしょうか？
この「数学の魅力」では、数学科の学部3年生から4年生、修士1年で学ぶ水準の数学を独習できる本を揃えました。代数、幾何、解析、確率・統計といった数学科での講義の各定番科目について、必修の内容をしっかりと学んでください。ここで身につけたものは、ほんものの数学の力としてあなたを支えてくれることでしょう。さらに大学院レベルの数学をめざしたいという人にも、その先へと進む確かな準備ができるはずです。

4 確率論
髙信 敏著

確率論の基礎概念／ユークリッド空間上の確率測度／大数の強法則／中心極限定理／付録(d次元ボレル集合族・π-λ定理・Pに関する積分他)
320頁・本体3,200円
ISBN：978-4-320-11159-2

5 層とホモロジー代数
志甫 淳著

環と加群(射影的加群と単射的加群他)／圏(アーベル圏他)／ホモロジー代数(群のホモロジーとコホモロジー他)／層(前層の定義と基本性質他)／付録
394頁・本体4,000円
ISBN：978-4-320-11160-8

11 現代数理統計学の基礎
久保川達也著

確率／確率分布と期待値／代表的な確率分布／多次元確率変数の分布／標本分布とその近似／統計的推定／統計的仮説検定／統計的区間推定／他
324頁・本体3,200円
ISBN：978-4-320-11166-0

◆主な続刊テーマ◆

1. **代数の基礎**……………清水勇二著
2. **多様体入門**……………森田茂之著
3. **現代解析学の基礎**……杉本 充著
6. **リーマン幾何入門**……塚田和美著
7. **位相幾何**………………逆井卓也著
8. **リー群とさまざまな幾何**
　　　　　　　　　　　　宮岡礼子著
9. **関数解析とその応用**‥新井仁之著
10. **マルチンゲール**………髙岡浩一郎著
12. **線形代数による多変量解析**
　‥柳原宏和・山村麻理子・藤越康祝著
13. **数理論理学と計算可能性理論**
　　　　　　　　　　………田中一之著
14. **中等教育の数学**………岡本和夫著

別巻「激動の20世紀数学」を語る
猪狩 惺・小野 孝・河合隆裕・
髙橋礼司・服部晶夫・藤田 宏著

【各巻】 A5判・上製本・税別本体価格
(価格は変更される場合がございます)

※続刊のテーマ、執筆者は変更される場合がございます

共立出版

http://www.kyoritsu-pub.co.jp/
https://www.facebook.com/kyoritsu.pub

「数学探検」「数学の魅力」「数学の輝き」の三部からなる数学講座

共立講座 数学の輝き 全40巻予定

新井仁之・小林俊行・斎藤 毅・吉田朋広 編

数学の最前線ではどのような研究が行われているのでしょうか？大学院に入ってもすぐに最先端の研究をはじめられるわけではありません。この「数学の輝き」では、「数学の魅力」で身につけた数学力で、それぞれの専門分野の基礎概念を学んでください。一歩一歩読み進めていけばいつのまにか視界が開け、数学の世界の広がりと奥深さに目を奪われることでしょう。現在活発に研究が進みまだ定番となる教科書がないような分野も多数とりあげ、初学者が無理なく理解できるように基本的な概念や方法を紹介し、最先端の研究へと導きます。

1 数理医学入門
鈴木 貴著 画像処理／生体磁気／逆源探索／細胞分子／細胞変形／粒子運動／熱動力学／他‥‥‥‥270頁・本体4000円

2 リーマン面と代数曲線
今野一宏著 リーマン面と正則写像／リーマン面上の積分／有理型関数の存在／トレリの定理／他‥‥266頁・本体4000円

3 スペクトル幾何
浦川 肇著 リーマン計量の空間と固有値の連続性／最小正固有値のチーガーとヤウの評価／他‥‥‥350頁・本体4300円

4 結び目の不変量
大槻知忠著 絡み目のジョーンズ多項式／組みひも群とその表現／絡み目のコンセビッチ不変量／他 288頁・本体4000円

5 $K3$曲面
金銅誠之著 格子理論／鏡映群とその基本領域／K3曲面のトレリ型定理／エンリケス曲面／他‥‥‥‥240頁・本体4000円

6 素数とゼータ関数
小山信也著 素数に関する初等的考察／リーマン・ゼータの基本／深いリーマン予想／他‥‥‥‥‥300頁・本体4000円

7 確率微分方程式
谷口説男著 確率論の基本概念／マルチンゲール／ブラウン運動／確率積分／確率微分方程式／他‥‥236頁・本体4000円

8 粘性解 －比較原理を中心に－
小池茂昭著 準備／粘性解の定義／比較原理／比較原理-再訪-／存在と安定性／付録／他‥‥‥‥‥‥216頁・本体4000円

9 3次元リッチフローと幾何学的トポロジー
戸田正人著 幾何構造と双曲幾何／3次元多様体の分解／他 328頁・本体4500円

10 保型関数 －古典理論とその現代的応用－
志賀弘典著 楕円曲線と楕円モジュラー関数／超幾何微分方程式から導かれる保型関数／他‥‥‥‥‥‥288頁・本体4300円

11 D加群
竹内 潔著 D-加群の基本事項／ホロノミーD-加群の正則関数解／D-加群の様々な公式／偏屈層／他 324頁・本体4500円

■ 主な続刊テーマ ■
岩澤理論‥‥‥‥‥‥‥‥‥‥‥尾崎 学著
楕円曲線の数論‥‥‥‥‥‥‥‥小林真一著
ディオファントス問題‥‥‥‥‥平田典子著
保型形式と保型表現‥‥‥池田 保・今野拓也著
可換環とスキーム‥‥‥‥‥‥‥小林正典著
有限単純群‥‥‥‥‥‥‥‥‥‥北詰正顕著
代数群‥‥‥‥‥‥‥‥‥‥‥‥庄司俊明著
カッツ・ムーディ代数とその表現‥山田裕史著
リー環の表現論とヘッケ環 加藤 周・榎本直也著
リー群のユニタリ表現論‥‥‥‥‥平井 武著
対称空間の幾何学‥‥‥田中真紀子・田丸博士著

【各巻】 A5判・上製本・税別本体価格

※続刊のテーマ、執筆者、価格等は予告なく変更される場合がございます

共立出版

http://www.kyoritsu-pub.co.jp/
https://www.facebook.com/kyoritsu.pub

色彩豊かな図解とわかりやすい解説で，数学・物理学の諸概念が一目瞭然！

カラー図解 数学事典

Fritz Reinhardt・Heinrich Soeder 著／Gerd Falk 図作
浪川幸彦・成木勇夫・長岡昇勇・林　芳樹 訳

本書は，シリーズの1冊「dtv-Atlas Mathematik(Vol.1,2)」の日本語翻訳版である。数学の諸概念を，フルカラーの図を用いることによってわかりやすく解説し，代数学，幾何学，解析学，応用数学など網羅的に解説している。左ページに図，右ページに本文を見開きで載せるような基本構成をとっており，本文と図の相乗効果で理解をより深められるように工夫されている。

◆ 菊判・508頁・ソフト上製・定価(本体5,500円＋税)　ISBN978-4-320-01896-9 ◆

カラー図解 学校数学事典

Fritz Reinhardt 著／Carsten Reinhardt・Ingo Reinhardt 図作
長岡昇勇・長岡由美子 訳

「カラー図解 数学事典」の姉妹編として，日本の中学・高校・大学初年級に相当するドイツ・ギムナジウム第5学年から13学年で学ぶ学校数学の基礎概念(方程式，関数，微積分，幾何学，統計，集合と論理など)をフルカラーの図を用いることによってわかりやすく解説している。定義は青で印され，定理や重要な結果は緑色で網掛けし，幾何学では彩色がより効果を上げている。

◆ 菊判・296頁・ソフト上製・定価(本体4,000円＋税)　ISBN978-4-320-01895-2 ◆

カラー図解 物理学事典

Hans Breuer 著／Rosemarie Breuer 図作
杉原　亮・青野　修・今西文龍・中村快三・浜　満 訳

本書は，シリーズの1冊「dtv-Atlas Physik(Vol.1,2)」の日本語翻訳版で，基礎物理学の諸概念を提供するものである。項目も力学，波動，音響，熱力学，光学，電磁気学，固体物理学，相対論，量子力学と多岐に渡っており，古典的な力学から，現代の物理学までを網羅的に解説している。読者対象も幅広く想定されており，科学に興味を持つ多くの人々が利用できる事典である。

◆ 菊判・412頁・ソフト上製・定価(本体5,500円＋税)　ISBN978-4-320-03459-4 ◆

http://www.kyoritsu-pub.co.jp/　　**共立出版**　　(価格は変更される場合がございます)